Create
AMAZING
cool stuff with
SCIENCE

疯狂科学

超酷科学实验室

[美] 克尔斯滕·霍尔（Kristen Hall）著

王益芹 杨心翮 译

人民邮电出版社

北京

图书在版编目（CIP）数据

疯狂科学：超酷科学实验室 /（美）克尔斯滕·霍尔（Kristen Hall）著；王益芹，杨心翾译. -- 北京：人民邮电出版社，2021.2（2021.4 重印）
ISBN 978-7-115-54937-2

Ⅰ. ①疯… Ⅱ. ①克… ②王… ③杨… Ⅲ. ①科学实验—少儿读物 Ⅳ. ①N33-49

中国版本图书馆CIP数据核字(2020)第184147号

- ◆ 著　　　　[美]克尔斯滕·霍尔（Kristen Hall）
　　译　　　　王益芹　杨心翾
　　责任编辑　李媛媛
　　责任印制　陈　犇
- ◆ 人民邮电出版社出版发行　　北京市丰台区成寿寺路 11 号
　　邮编　100164　电子邮件　315@ptpress.com.cn
　　网址　https://www.ptpress.com.cn
　　北京盛通印刷股份有限公司印刷
- ◆ 开本：690×970　1/16
　　印张：13　　　　　　　　2021 年 2 月第 1 版
　　字数：274 千字　　　　　2021 年 4 月北京第 3 次印刷
　　著作权合同登记号　图字：01-2019-6586 号

定价：69.00 元

读者服务热线：(010)81055410　印装质量热线：(010)81055316
反盗版热线：(010)81055315
广告经营许可证：京东市监广登字 20170147 号

前　言

　　科学是奇妙、有魅力且充满趣味的。力、光和能量背后的奥秘会让你想要领略物理世界的奇妙；多姿多彩的矿物会让你惊叹地球的造化；天文学奇迹般的发现会激发你探索宇宙的好奇心；漫步野外，各种各样的动物会让你感受生命演化的伟大；千变万化的物质及意想不到的实验结果，让你感慨化学是多么具有革命性！

　　在本书中，作者团队和专业的科学教师精心设计了 287 个超酷的科学小实验，带你敲开科学世界的大门。本书编写的宗旨就是运用科学的原理和知识，让孩子们通过实验创造出令人惊奇的有趣的东西，从而激发孩子们的想象力和创造力，鼓励孩子们主动寻找问题的答案。书中大量的词汇解析和清晰的指示说明可以帮助家长与孩子们共享科学实验带来的乐趣。

关于符号的说明

    这些符号仅供参考。成年人有责任考虑到每个孩子的实际情况，并为每个孩子选择合适的实验。孩子们在使用工具时需要成年人监督。

    为了理解这些实验的重要性，成年人应该经常参与讨论实验的原理及结果。任何涉及去公园、海滩或在晚上进行的实验都应该由成年人陪同。

 此符号表示做该实验的所有年龄段的孩子都需要成年人监督，因为使用了火柴等材料。

 此符号表示由于使用剪刀等工具，低龄儿童做该实验时需要成年人的监督。

 此符号表示该实验并非真正需要成年人监督，但为了理解实验的重要性，成年人应该与孩子一起讨论结果。

 此符号表示该实验可以在室外进行。

 此符号表示该实验可以在室内进行。

 此符号表示需要工具。这些工具可能包括任何东西：一只简单的碗、一把蔬菜削皮刀到气球和工艺材料等。

目　录

一、欢乐派对

物理

1 聚会传声筒

最成功的聚会是在结束之后，人们仍会对其津津乐道。但是如果没有声波，声音就无法传播，人们也就不能聊天。

科学原理是什么？

外界的声波会引起鼓膜的振动，声波传到内耳，内耳会将收集到的这些信息传递到大脑。漏斗能够将声音放大。人类外耳郭的作用正如漏斗一样，在声音传播时，外耳郭将声音放大，然后传到耳道（外界到中耳之间的声音传播通道）。

材料：

· 一大张纸
· 胶带
· 录音机

步骤：

1. 把纸卷成漏斗形状做一个简单的漏斗，漏斗的一端很大，另一端很小。然后用胶带把漏斗的两端粘好。
2. 把漏斗小的一端放在耳朵边（不是放进耳朵里）。你能听到什么？
3. 现在，拿着漏斗站到录音机旁边，先听一听录音机发出的声音，然后把"漏斗"拿开，再听一下。两次听到的声音是否不一样？
4. 把漏斗小的一端放在耳边，邀请一个朋友对着漏斗的另一端轻轻说话。你能否听清朋友说的悄悄话？

你知道吗？

声音是由物体的振动产生的。振动的幅度越大，产生的声音越大。把你的手放在喉咙上，并发出嗡嗡的声音。你感受到了吗？发出的声音正是由振动产生的。

用心听

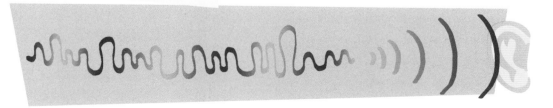

2 声音大一些

材料：

· 一大张硬纸板
· 胶带

聚会很棒的标志是什么？一堆朋友、食物、礼物，当然也包括大量的噪声。

科学原理是什么？

当声带振动时，发出的声音就会向四处传播。漏斗会将声音放大并传向所有的听众。

步骤：

1. 把硬纸板卷成漏斗形状。将漏斗的一端做成和你嘴巴一样大小。
2. 把硬纸板粘牢固。
3. 让你的朋友站在离你稍远的地方。
4. 把漏斗比较小的一端放在你的嘴边，向朋友喊一些话。他们现在能听得更清楚一些吗？这是为什么呢？

3 听你说

材料：

· 玻璃杯

很多秘密都是在聚会上被"分享"的。做这个实验，找出到底有多少耳朵在窃听你们的秘密……

科学原理是什么？

大部分的物质都由分子组成。在密度较大的物质中，例如固体，分子间的距离很小。声波传递的能量使分子振动，引起紧密连接的分子相互碰撞，这意味着声波能够轻松地从固体分子中通过。

步骤：

1. 坐在房间里，让你的朋友坐在房间的门外，这样你们之间就隔了一面墙。
2. 分别让朋友悄悄说话、用正常的音量说话、大声地说话，然后你在这面听。
3. 现在将玻璃杯的一侧靠着墙面，将自己的耳朵靠近玻璃杯的另一侧，然后重复步骤 2。感觉一下，是有玻璃杯还是没有玻璃杯时，你更容易听见朋友说的话？

4 振动国度

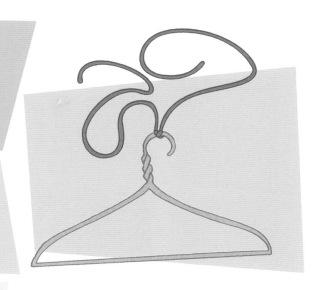

大部分父母不能忍受吵闹的聚会，但做这个实验时他们将会听到音乐！只要告诉他们，你在研究声音！

科学原理是什么？

声波会振动，在开放环境中它们会传播。金属是很好的传递声波的介质，声波可以直接通过它们传播。

材料：

· 一根60厘米长的细绳
· 衣架
· 一张桌子
· 金属物品（如叉子、勺子、尺子）

步骤：

1. 把细绳绑在衣架上，在细绳中间打个结。
2. 将细绳两头分别绑在两只手的手指上。
3. 用衣架轻轻敲击桌子。你能听见什么声音？
4. 用手捂住耳朵（不是放进耳朵里！）。再次用衣架敲击桌子。现在你能听见什么呢？用其他金属材料代替衣架再次尝试这个实验。

你知道吗？

用手捂着耳朵，便创造了一个声波传播的路径。这样能使声波的共振强度比你之前制造的更强烈。

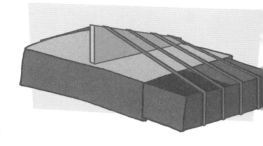

5 音乐火柴盒

没有音乐的聚会是什么样的？肯定很乏味、无聊。用火柴盒做的简易吉他能够使聚会更有乐趣！

科学原理是什么？

振动能够产生声波，拨动橡皮筋能引起它们振动，这就是吉他产生声音的原理！

材料：

· 美工刀
· 一小块软木
· 空火柴盒
· 橡皮筋

步骤：

1. 首先，为你的吉他做一个琴桥。用美工刀，把软木切成三角形。底边需要比火柴盒的宽度稍长，左边需要是一个直角。
2. 将三角形横跨在火柴盒上，直角边对齐，将多出的尖头切去。
3. 打开火柴盒（大约打开3/4长度）。
4. 将橡皮筋从外面纵向绕过火柴盒，且间距相等。确保它们都扣紧。
5. 现在将琴桥竖起，这样它就把橡皮筋抬起来了。你可以开始创作音乐了！

你知道吗？

第一根吉他线是用绵羊的肠子做成的。人们认为小提琴必须归功于"羊肠线"这个词。一把小提琴也被认为是一只"小羊"，因此弦也就被指代"小羊肠"。这个词随着时间的推移演化成了"羊肠线"。不过现在小提琴的琴弦都是由尼龙、铜或者不锈钢等材料制作而成的。

6 吸管之声

在一个人声鼎沸的聚会中引起别人的注意是一件困难的事情。不过有了这个吸管，演奏"双簧管"就不难了！

科学原理是什么？

驻波就是"静止不动"的波。它们能在弦上或者空气中向前、向后振动。驻波的模式对于乐器而言很重要。他们能在振动的弦上或者空气中保持一个模式，创造一个特殊的音节或者频率。

材料：

· 吸管
· 剪刀

步骤：

1. 用手指捏住吸管的一端使其变平。
2. 在吸管中间剪出一个直角，形成一个小孔。
3. 把剪出的孔放在嘴边，然后吹气。
4. 现在，再在吸管上剪出一个小孔。用你的手指盖住这个孔，然后往吸管里面吹气。然后抬起你的手指再吹气。声音是如何变化的呢？
5. 在吸管上剪出更多的小孔，当你吹奏时盖住和放开这些小孔做声音实验。

7 激荡成歌

你是否参加过这样一种很棒的聚会，聚会中的人们欣喜若狂？人们或许不会，但声波会！

材料：

· 玻璃杯（水晶玻璃杯或者薄壁玻璃杯效果最好）
· 水

步骤：

1. 用你的手指绕玻璃杯口摩擦，会发生什么？
2. 现在，用手指蘸水并且再次绕玻璃杯口循环摩擦。持续这个动作直到……你能听见什么吗？
3. 将玻璃杯中倒入一些水并且重复步骤2。

科学原理是什么？

让玻璃杯"唱歌"是一个聚会小技巧，著名的科学家伽利略也喜爱这个技巧。玻璃杯会因为你手指的摩擦而振动。一个干净的玻璃杯和湿湿的手指能够帮助你完美地调整振动而使它们共振，当手指摩擦的频率和玻璃杯的振动共振时能够创造出非常丰富的音调。

8 完美水量

材料：

- 5个或者更多的瓶子（玻璃瓶最好，但是如果是塑料的瓶子也可以）
- 水
- 勺子或者叉子

关掉聚会时的音乐播放列表，和你的朋友们一起制作音乐。如果可以的话，给每个人一个瓶子来演奏音乐。

科学原理是什么？

空气在瓶子中就构成了气柱。将水加入瓶中，气柱的长度减短，这时通过敲击瓶子产生的振动频率将被改变。

步骤：

1. 将瓶子沿着一条线摆好。
2. 给第一个瓶子中加入少量水，然后在下一个瓶子中加入稍微多一点的水，依此类推，直到将所有的瓶子按照水量增加的顺序灌好。
3. 用勺子或者叉子依次敲击瓶子。
4. 现在你可以任意地敲击瓶子。试试看，你能否演奏出一首优美的曲子？

9 尖叫之队

材料：

- 手机、计算机、平板电脑或者其他声音记录装置
- 不同的声音"吸收器"（如一只枕头、铝箔纸、一张纸、一块泡沫、一件雨衣）

有时你并不想音量过大，有时需要保持安静。这里有方法！

科学原理是什么？

你制造的那些噪声可能被周围的材料反射或者吸收。隔声材料通过将噪声的能量转化成微量的热能，从而吸收声音。

步骤：

1. 将声音记录装置放在你正前方10厘米到25厘米的位置。对着它说话或者叫喊，记录声音。
2. 当你说话或者叫喊时，尝试将不同的声音"吸收器"放置在嘴巴前方。为了保证安全，确保每个声音"吸收器"都被放置在嘴巴前方，而不是接触或者覆盖上你的嘴巴。
3. 仔细听每次放置不同材料时你的声音的大小。哪个东西能够最有效地吸收声音？
4. 将声音"吸收器"放置在嘴巴的一侧或者两侧用于吸收部分声波。然后再次实验，看看声波模式发生改变了吗？

分隔开

想找到一个降低你隔壁聚会噪声的方法？简单！在有地毯的地方办聚会，地毯可以吸收声波！

科学原理是什么？

声波会被平坦的墙面弹回，但是会被地毯或者采用吸声材料（如泡沫）设计的消声墙吸收。

你知道吗？

窗帘布，尤其是厚厚的那种，能够减少房间中的噪声！

她成功了！

丽莎·兰达尔
美国

在仅仅 18 岁时，丽莎就已经获得了重要的科学天才研究奖。如今，丽莎是一个粒子物理学家，同时也是第一个将在普林斯顿大学获得终身教职的女物理学家。她是第一个在麻省理工学院和哈佛大学获得终身教职的女理论物理学家。丽莎提出过这样一个理论：我们的世界可能由超出我们所知的空间组成，充满了隐藏的维度。

材料：

·封闭的地板是空的走廊
·两块木头
·封闭的有地毯的地方

步骤：

1. 站在走廊的空地板上。
2. 轻轻地敲击木块，再重重地敲击它们。发生什么事了？
3. 去有地毯的地方，重复步骤2。再看看发生了什么？

11 影子游戏

材料：

· 阴暗的房间
· 大手电筒
· 一面白色或者浅色的墙

想要悄无声息地将你的聚会宾客人数翻倍？调好灯光，和影子一起聚会！

科学原理是什么？

当光不能穿过一个物体时，影子就出现了。物体距离光源越近，它的影子就会越大。

步骤：

1. 将手电筒的光照射在墙上。
2. 邀请你的朋友站在光线中。让一个朋友靠近墙站，另一个朋友靠近光源站。谁的影子更大？
3. 让他们改变位置。墙上的影子发生了什么变化？现在谁的影子更大了？你认为发生这个改变的原因是什么？

12 友好的面孔

材料：

· 阴暗的房间
· 椅子
· 一大块硬纸板
· 胶水
· 手电筒
· 记号笔

聚会结束之后总是会感觉很失落。有了这些影子画像，即使朋友们回家了，你也能将他们继续"留在身边"！

科学原理是什么？

阴影会根据一个物体透光率的高低或明或暗。换句话说，透光率就是指有多少光线能够透过物体。

步骤：

1. 将椅子放在墙边。
2. 让你的朋友侧身坐在椅子上。
3. 用胶水将纸板粘在朋友脑袋后面的墙上。
4. 用手电筒照射朋友的头，这时在纸板上会出现一个影子。
5. 用记号笔描绘出影子的外沿。

13 彩虹踪迹

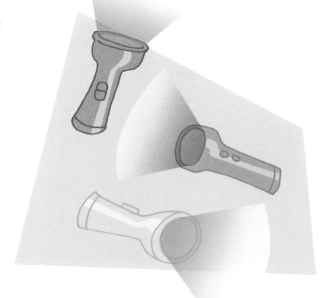

虽然朋友们的影子非常酷，但是彩虹影子更棒！这个实验保证能给任何无聊的聚会带来多彩的欢乐。

科学原理是什么？

将油漆混在一起时，照射在油漆上的光线被吸收了，因此油漆的颜色变得很暗。当你混合不同颜色的光时，它们会反射出新的颜色或者新的光波频率。当你将红色、蓝色和绿色光混在一起，你会得到白光。

材料：

· 阴暗的房间
· 3只不同颜色（红色、绿色和蓝色）的灯泡
· 3只手电筒或者3个用于放置灯泡的灯具

步骤：

1. 用一种颜色的灯照亮房间。注意房间内各种东西的不同颜色。
2. 现在将3种颜色的灯都照在一个点上，制造一个光线叠加的区域。你看见了什么？
3. 让你的朋友伸出手来在光线重叠区域制造一个影子。
4. 尝试不同的灯的组合。看看你能制造出多少种不同颜色的影子。

你知道吗？

彩虹是由可见光谱中的不同颜色的光组成的，按波长由长到短排序：红色、橙色、黄色、绿色、蓝色、靛色、紫色。一些人用"红橙黄绿蓝靛紫"来帮助记住他们。

14 花园光芒

给你的聚会一个彩虹主题！你所需要的只是一些阳光和一个浇花的水管。你的客人们一定会喜欢这个特殊的惊喜！

材料：

· 花园里浇花的水管

步骤：

1. 打开水管。
2. 把你的手指放在水管出水的一端制造出水雾。
3. 站在背对太阳的地方并且将水管以一定的角度朝向天空。
4. 在水雾中你会看见彩虹！

科学原理是什么？

当阳光照射到水滴上，彩虹就出现了。当光线照射到水滴中时它们就会被弯曲或者折射。当光线折射时它就会被分解成彩虹的各种不同颜色。

15 漂亮的一对

在客人到来之前，你肯定会去洗手间并梳洗打扮一番。当在洗手间时，你将迎来一个神奇的镜子时刻。

材料：

· 卫生间的镜子
· 手持镜子

步骤：

1. 背对着卫生间的镜子站立。
2. 举起你手中的镜子使它照到你的脸。
3. 数一数你能看见多少个你自己的图像。
4. 现在将手中的镜子稍微偏转。你注意到了什么？
5. 将你的脸和手中的镜子靠得非常近。看看发生了什么？

科学原理是什么？

镜子反射出来的光线是笔直的。它们光滑平整的表面使光线从它们身上反射出来，从而显示出精确的镜像。如果镜子弯曲或破碎，光波就会弯曲，图像也会改变——使你看起来在被拉伸或者是破裂的！

16 镜面翻转

将宾客的名字都倒着写，这样可以让名单保密。用一面镜子，你就能够很正常地读出这些名字，但是别人不容易看出名单上的名字！

科学原理是什么？

镜子能精准地反射图像，好像图像自己弹回来一样。这意味着我们看到的镜像就是事物本来的样子。

你知道吗？

在国外我们有时会看到救护车前面"AMBULANCE"一词反写，现在你应该知道了，这是为了让前方车辆的驾驶员可以在后视镜中正确读出它。

材料：

· 很多张纸
· 马克笔
· 小的长方形镜子

步骤：

1. 将你名字的大写字母用马克笔写在一张纸上。
2. 将一面镜子放置在纸张的右边，这样你能看见你写的字的反射图像。这些字母在镜子中看起来是怎么样的？写在纸上的字母和镜子中反射的相同吗？
3. 在另一张纸上，尝试反过来写你的名字。在镜子中它看起来是对的吗？继续练习反向写字。

17 升起阳光

用这道阳光彩虹唤醒来你家聚会并过夜的朋友们吧！他们一定会为之惊喜！

科学原理是什么？

阳光斜射入一种新的材料时，会改变方向产生折射，分解成不同波长的光，即光发生了色散。

材料：

· 约50厘米高的盒子
· 有阳光直射的窗户
· 透明的玻璃杯
· 水
· 一大张纸

步骤：

1. 在一个有阳光的清晨，在距离窗户4米左右的地方放上准备好的盒子。
2. 将玻璃杯装满水放在盒子上。
3. 在地面上寻找彩虹。将纸放置在地板上能够帮助你更好地看见彩虹。你能看见什么颜色？

18 越过彩虹

尝试这个彩虹实验游戏，然后让你的朋友投票。他们喜欢哪个？通过杯子产生的彩虹还是正方形容器产生的彩虹？

科学原理是什么？

光线通过弯曲的或者有尖角的玻璃或者塑料时会改变传播方向，甚至反射到其他平面上。仔细观察彩虹的变幻。

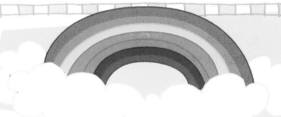

材料：

· 黑暗的房间
· 一大杯水
· 手电筒
· 透明塑料杯
· 透明的正方形容器

步骤：

1. 打开手电筒，让它指向天花板。将杯子口朝上，放在手电筒正上方。
2. 让你的朋友缓慢地将水加入水杯。仔细看天花板上的彩虹。
3. 现在用正方形容器代替水杯做相同的事情。这次你看见的彩虹是什么样的？

19

触摸彩虹

你为聚会精心打扮。现在用这个方法让自己成为聚会中最闪亮的一员——一道手上的彩虹！

科学原理是什么？

光线通常是沿直线传播的。当光透过水时，因为水比空气的密度大，而且水是透明的，所以水改变了光线的传播方向。当组成白光的各种光通过这种折射分散开时，我们就看见了彩虹。

材料：

· 水
· 煎锅
· 小镜子
· 很强的阳光

步骤：

1. 将水倒入煎锅然后将煎锅放在阳光下。
2. 将小镜子放置在煎锅内侧边上。
3. 将你的手放在镜子的前方。看看这时彩虹反射到了哪里？是什么创造了可以让光线通过的棱镜（一种可以反射光线的透明物体）效果？

你知道吗？

当阳光以一定角度穿过空气中的水滴时彩虹就出现了。光线对于水滴太高或者太低，彩虹都不会出现。不过，如果你改变光线的角度，彩虹也会出现在其他地方！

20 梦幻玻璃纸

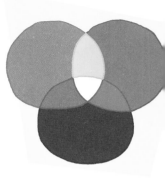

材料:
- 手电筒
- 白墙
- 红色、蓝色和绿色玻璃纸

问一问来参加聚会的朋友们最喜欢的颜色。然后制作一个墙纸展示他们最喜欢的颜色吧!

科学原理是什么?

红色、蓝色和绿色被称为光的三原色。将其中的两种颜色结合时,能创造出间色——紫红色、黄色和青色。如果将 3 种颜色结合起来,并用手电筒照射,你将会看到纯白色或灰白色,我们称之为"白光"。

步骤:

1. 用手电筒照射白色的墙。
2. 用红色和绿色的玻璃纸覆盖手电筒发光处。看看墙上产生的颜色是什么?
3. 现在换用红色和蓝色的玻璃纸。看看出现了什么颜色?
4. 之后尝试蓝色和绿色的玻璃纸。这时又能产生什么颜色呢?
5. 你能用玻璃纸产生别的颜色吗?能产生黑色吗?

21 白光奇迹

材料:
- 3只手电筒
- 胶带
- 红色、蓝色和绿色玻璃纸
- 白墙

紫红色(蓝色和红色混合)和青色(绿色和蓝色混合)会将你的聚会带到另一个颜色的维度,这是两个全新的、受人喜爱的颜色!

科学原理是什么?

光的三原色(红色、绿色和蓝色)相互融合在一起时,可以创造出混合染料中的主要颜色——洋红、青色和黄色。

步骤:

1. 将不同颜色的玻璃纸分别盖在每个手电筒的发光处,之后将手电筒打开。
2. 将手电筒分开放置在距离白墙大约10厘米的桌子上,使它们的光照射在白墙上。
3. 确保每只手电筒发出的光能够和其他手电筒的光叠加在一起。你能从墙上看见什么?

22 超级陀螺

材料：

· 圆规
· 一块白色的硬纸板
· 剪刀
· 量角器
· 彩色铅笔
· 铅笔

教你的客人们每人制作一个惊艳的玩具。他们能够将玩具带回家作为聚会的纪念品！

步骤：

1. 用圆规在硬纸板上画一个圆并且将它剪下来。
2. 用量角器将圆分为6个等份。
3. 在每个区域用以下颜色的彩色铅笔上色：红色、蓝色、绿色、黄色、橙色和紫色。
4. 将铅笔穿过圆纸板的中心，以便于你能像转一个陀螺一样转这个纸板。当你转这个圆纸板时这些颜色发生了什么变化？

科学原理是什么？

白光是由彩虹中所有的颜色组成的。

---

23 银汤勺

材料：

· 汤勺

步骤：

1. 将汤勺的背面对着自己，举到面前。
2. 将汤勺从面前向远处移动。你在汤勺中的样子是怎样变化的？这是你所期待的吗？
3. 将汤勺翻过来。你现在看见了什么？

一次好的聚会总是充满了笑声。当你看到自己在汤勺中的样子时，准备好哈哈大笑吧！

科学原理是什么？

当一个图像被凸面或者凹面反射时，图像会变得扭曲。这是因为凹面镜会将光线向内反射，而凸面镜会将光线向外反射。

24 把光分开

只要用一些小小的彩色的东西，每个客人都能制作属于他们自己的万花筒。

科学原理是什么？

当光从物体和镜子中反射之后，就会形成不同的几何图像。

你知道吗？

世界上最大的万花筒在纽约的特伦佩尔山。它有19.5米高。这里没有看万花筒的目镜，游客们站（或躺）着在万花筒里见证奇迹的发生。

材料：

- 长和宽分别为20厘米、10厘米的透明矩形玻璃纸
- 记号笔
- 透明胶带
- 硬纸管（将它剪为20厘米长）
- 边长为10厘米的正方形黑色美术纸
- 边长为10厘米的正方形塑料包装纸
- 有孔的珠子、五彩纸屑和闪光小圆片
- 边长为10厘米的正方形蜡纸
- 橡皮筋
- 彩色纸和贴纸

步骤：

1. 将矩形玻璃纸平放。在玻璃纸上画两条虚线，将其分成3等份。
2. 将玻璃纸沿着虚线折好，形成一个立体的三棱柱结构。
3. 将三棱柱用胶带粘好固定住。
4. 将三棱柱塞进硬纸管中。
5. 将纸管竖直放置在黑色的美术纸上。沿着底边画一个圆。
6. 用笔在美术纸中间的位置戳一个洞，把它用胶带粘在管子的一侧。
7. 用一张塑料包装纸把管子的另外一端包裹上，将它压进管子里形成一个凹进去的"袋子"。
8. 用有孔的珠子、五彩纸屑和闪光小圆片等小物件将"袋子"填满。
9. 将蜡纸放在袋子的上面。用橡皮筋将蜡纸和塑料包装纸裹紧，然后修剪包装纸和蜡纸的边缘。
10. 用记号笔、彩色纸和标签贴纸装饰你的万花筒。
11. 用一只眼睛看这个管子里的东西。慢慢旋转你的新万花筒，然后享受眼前的美景吧！

25

颜色密码

聚会中没有任何事情会像分享一个秘密那样使人们之间的关系紧密相连。用这些解码器来揭示那些藏起来的秘密吧!

科学原理是什么?

红光是阳光的一部分。当通过红色滤光片看非红色的图像时,图像会显得更暗并突出,同时红光会混合到红色文字中。红色的玻璃纸阻挡或反射红光,使标记上的黄色反光部分更容易读。

材料:

- · 厚的硬纸板
- · 剪刀
- · 红色玻璃纸
- · 淡蓝色记号笔
- · 一杯水
- · 空白纸

步骤:

1. 将硬纸板剪成规格2.5厘米×5厘米的长方形。把每个长方形纸板的中间剪掉,使它形成一个"框架"。

2. 将红色的玻璃纸贴在框架上,把多出框的玻璃纸剪掉。

3. 将淡蓝色记号笔蘸水,使其写出的字迹变得淡一些。

4. 用这些很淡的记号笔,在纸上写下给朋友们的秘密消息。

5. 用玻璃纸解码器阅读朋友间的秘密消息吧!

你知道吗?

"密码学"在希腊语中的意思是"秘密"加"写作"。一些秘密消息使用浅蓝色字体,字体上面再写上红色散列标记。用红色的玻璃纸"擦除"红色的散列标记,则蓝色的信息清晰可见。

26 魔法放大镜

向你的客人们展示如何将"小秘密"变成"大消息",只需要加一点点水!

材料:

· 一些纸
· 钢笔
· 剪刀
· 硬纸板
· 塑料包装纸
· 透明胶带
· 滴管
· 装水容器

棒极了   好棒的聚会   太不可思议了

科学原理是什么?

水可以像凸透镜一样,当光线通过水滴时向外弯曲,图像看起来会更大。

步骤:

1. 让你的朋友们在纸上用极小的字写下秘密消息。
2. 在硬纸板上剪出一个大约2.5厘米宽的洞。
3. 用塑料包装纸盖住洞并且用胶带将它粘好。
4. 用滴管,将一滴水挤在塑料纸表面。
5. 将纸板"放大镜"放在写着秘密的纸条上。
6. 通过水滴看纸条。你能读出消息吗?
7. 将纸板靠近或者远离纸条。你还能读出这些消息吗?

---

27 好玩的铝箔

材料:

· 一卷铝箔
· 剪刀

步骤:

1. 剪一段25厘米长的铝箔。为了使其保持光滑,需要非常小心。
2. 在铝箔亮闪闪的一侧看自己的反射成像。图像不会很完美,但是你应该能清晰地看见自己。
3. 将铝箔揉皱后再次展开。
4. 再看看你的反射成像。它去哪儿了呢?

只需要使用铝箔就可以让你的客人们消失。1分钟后你就能见到他们了,再过1分钟后你又看不见他们了!

科学原理是什么?

当一个物体表面很光滑时,它会反光。当一个物体表面皱巴巴时,反射光会"消失"!这是由于光是向所有方向散射的。

28 折断尺子

材料：

· 很深的玻璃碗或者透明的塑料容器
· 水
· 尺子

这是一个很冷门的聚会小把戏，小到不会让你惹麻烦！

科学原理是什么？

当光线通过水面时会发生折射，因此物体在水中看起来和在空气中不一样。

步骤：

1. 在碗中装满水。
2. 将尺子放进装满水的碗中。只把它放进一半。看看尺子在水中的部分变成什么样了呢？
3. 慢慢地把尺子拿出来。它变化了吗？
4. 将尺子放进碗中再次观察。

29 超级防护罩

材料：

· 很大的塑料容器
· 水
· 小纸张
· 水杯

每个聚会都需要点心。当你在厨房时，拿出一个玻璃杯和一张纸，看看"水加空气等于魔法"是怎么回事！

科学原理是什么？

空气占据空间，或者说空气有体积，虽然我们无法用眼睛看到，但是这是物质的基本性质！空气泡是装有空气的袋子，它们比水的密度小，因此会浮到水面，除非它们被困住了，像本实验中杯子里的空气。

步骤：

1. 将水倒入塑料容器，直到水大约装满容器的3/4。
2. 将小纸张揉成球。将其压牢在玻璃杯的底部。
3. 小心地将玻璃杯快速翻转，同时将其放进塑料容器的底部，竖直放置。
4. 看发生了什么？有任何的水"偷溜"到杯子的底部了吗？纸变湿了吗？
5. 将玻璃杯从水中移走，然后将纸从杯中取出。纸张是湿的吗？

打翻木块

在参加聚会时，你有没有注意到能量（以及音量）是如何形成的？当一个物体与另一个物体碰撞时，同样的事情也会发生。拿些多米诺骨牌，见证发生在自己身上的能量转移！

科学原理是什么？

所有的物体都既有势能又有动能。多米诺骨牌就是完美的例子。当它们稳稳地立住时，它们拥有势能。但是一旦第一个多米诺骨牌被推倒，你加了一个力，将势能改变成了动能。当那个多米诺骨牌撞到第二个时，动能转移了，然后反应链开始了！

材料：

· 两包多米诺骨牌
· 很大的平面（例如桌子）

步骤：

1. 将多米诺骨牌沿一条直线直立放置在桌上，两块间距离大约2厘米。
2. 将第一块多米诺骨牌推倒，然后看会发生什么。

你知道吗？

你刚刚看到的现象被称为"多米诺效应"，指的是一个行为引起了一系列事件的效应。另一个"多米诺效应"在风暴天气下，当一棵树倒下时会发生。你能想出其他的"多米诺效应"的例子吗？

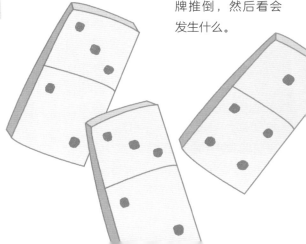

31 疯狂的杯子

摆弄装饰品与不停地跳来跳去有什么共同之处？两者都是一个完美聚会的重要组成部分！

科学原理是什么？

在物理学中，有异性相吸这样一个原理！正电荷会向负电荷移动。然而，当带有相同电性的电荷靠近时，它们会相互排斥。

材料：

· 很多装饰蛋糕的着色珠子糖或者圆形的彩色喷头
· 小的有盖子的塑料容器
· 毛衣

步骤：

1. 将着色珠子糖放进塑料容器中并且盖上盖子。
2. 用毛衣摩擦盖子使其带电。
3. 小心翼翼地用手指划过盖子的顶部。
4. 着色珠子糖是待在上面还是掉下去了？你认为这个现象发生的原因是什么？

她做到了！

阿曼达·巴纳德
澳大利亚

"着色珠子糖"看起来很小，不是吗？但与澳大利亚科学家阿曼达·巴纳德所研究的东西相比，它们是巨大的。在成长过程中，阿曼达不知道自己想做什么，想成为什么样的人。但当她听说纳米技术时，她变得兴奋起来。研究纳米技术的科学家们移动原子和分子，设计出令人难以置信的新装置。他们以纳米为单位测量物体，一纳米等于一米的十亿分之一！他们研究的物体是如此微小，以至于科学家必须依靠特殊的设备才能看到它们。今天，阿曼达使用计算机模型来展示如何更快、更便宜、更好地制造产品。

32 跳跃的麦片

材料：

· 碗
· 膨化麦片
· 塑料汤勺
· 毛衣

当你听到"砰"这个词时你会想到什么？气球？音乐？那么现在将膨化麦片加入这个名单当中吧！

科学原理是什么？

摩擦汤勺给它一个负电荷，这个负电荷会吸引麦片。但是，当麦片碰到汤勺时，麦片也带上了负电。然后，两个物体就相互排斥了。

步骤：

1. 在碗中装满麦片。
2. 用毛衣摩擦汤勺。
3. 将汤勺靠近碗中的麦片。看一看当汤勺靠近时麦片会怎么样。
4. 之后发生了什么？麦片还在靠近汤勺的地方吗？

33 戏耍豌豆

材料：

· 玻璃杯
· 干豌豆
· 水
· 金属盖

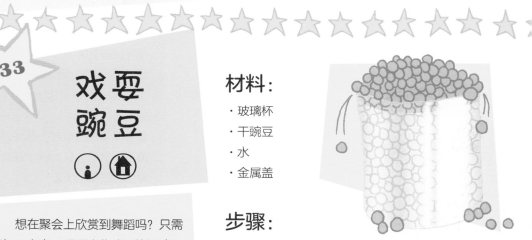

想在聚会上欣赏到舞蹈吗？只需要加一点水，看看这些豌豆的运动！

步骤：

1. 在杯子中装满干豌豆。
2. 加水后再次将玻璃杯装满。
3. 在杯子上方放上金属盖子。
4. 仔细观察豌豆的运动。

科学原理是什么？

当水通过薄膜或者植物的外表面时会发生渗透。豌豆与其他所有的植物一样，是由拥有半透膜的细胞组成，这意味着它们允许水的进出。

你知道吗？

渗透能使鸡蛋在不被打碎的情况下将蛋壳移走！你所需要做的只是将鸡蛋泡在醋里。

34 超级汤勺

负责你的零食餐桌！拿出一些调味品并且用汤勺给每个人喂一点儿"魔法"。

科学原理是什么？

盐由两种带电元素组成。钠离子（Na^+）为阳性，氯离子（Cl^-）为阴性。胡椒比盐带的正电荷更多，所以胡椒先被勺子吸引。

材料：

· 塑料汤勺
· 毛衣
· 盐
· 胡椒

步骤：

1. 将汤勺与毛衣摩擦。
2. 将盐和胡椒混合。
3. 将汤勺放在盐和胡椒上方并且慢慢靠近，直到胡椒"跳跃"着"爬"上汤勺。

35 这就是电！

在聚会上四处转转、看看你的朋友们。他们和你有什么不同的地方吗？异性相吸，对吗？这个原理在科学实验中也能验证！

科学原理是什么？

当你将气球在头上摩擦时，负电荷会从你的头发上转移到气球上。纸片带着正电荷。正负电荷相互吸引，因此纸片会沾在气球上。它们吸在一起的这种现象被称为静电作用。

材料：

· 气球
· 打孔器
· 纸张

步骤：

1. 把气球充气，充到和你的手差不多大，然后系好气球。
2. 用打孔器在纸张上打孔获得很多小圆纸片。
3. 用气球在你的头发上摩擦大约15下。不要用力压它，并且要确保你的头发足够干净。
4. 现在把气球靠近小圆纸片看看发生了什么。

36 好事成双

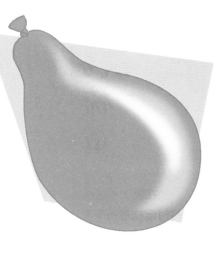

材料：

- ·气球
- ·细线
- ·羊毛衣
- ·厚厚的纸张

在冬天聚会时试试这个小把戏。聚会上一定要有一位穿羊毛衣的客人。在你认识这个客人之后，这个聚会将会是带电的！

科学原理是什么？

当物体表面带有更多的负电荷或正电荷时，就会产生静电，这时需要中和电荷，在这个过程中会发生静电放电或产生电火花。

步骤：

1. 把多个气球吹起来，并且用细线将它们扎好。
2. 将气球和羊毛衣摩擦。
3. 通过细线将气球举起。发生了什么？
4. 将纸张放置在两个气球之间。又发生了什么？

37 "神圣"的头发

还需要胶带吗？你只需要用自己的头发就能让气球装饰你的墙！

科学原理是什么？

一种物质和另一种物质摩擦时会产生电荷。接触到带电荷的物质（比如一个带电荷的气球）之前，墙壁是中性的。它的电荷会被带负电的气球排斥，使其带上正电荷，这样气球就能贴在墙上了！

材料：

- ·充气的气球
- ·白墙

步骤：

1. 将气球和你的头发摩擦。
2. 把气球举起并靠近白墙，发生了什么？

38 疯狂的梳子

在跳了一场精彩的布吉舞之后，是时候梳理一下那乱七八糟的头发了！抓起梳子，整理一下你自己的头发，也收集一些电子吧！

科学原理是什么？

构成头发的原子中的电子带有负电荷，质子带有正电荷。当你在梳理头发时，由于摩擦的作用，更加活跃的电子会从头发转移到梳子上。带负电的梳子会吸引水中的正电荷，使水流改变方向。

你知道吗？

法医有时会检查梳子来解开谜团！由于头发样本中含有 DNA，在确定一个人是否在犯罪现场时，头发经常被作为有用的证据。

材料：

· 带水龙头的水槽
· 干净且干燥的头发
· 塑料梳子

步骤：

1. 将水龙头打开并且保持细小的水流。
2. 用梳子来回梳头发15次。
3. 将梳子靠近水流而不接触它。水流发生了什么变化？

39 闪亮的皇冠

用从旧玩具中得到的光纤来制作这个新的、可重复使用的聚会配件，并且使它在夜晚闪闪发光！

科学原理是什么？

光纤是由纯的玻璃制作而成并用于引导光传输的管子，就像一个吸管。光纤非常的纤细、柔软。

材料：

· 光纤棒
· 发箍
· 与发箍颜色相同或者互为补色的电工胶带
· 装饰物（如假花、假的宝石或者几何形状的条状带子）
· 用于装饰的胶棒或者其他胶水

步骤：

1. 将光纤棒从旧玩具中取下来。你可能需要找一个成年人来帮忙。
2. 用电工胶带将光纤棒的开关连接到发箍的一侧。确保开关的位置比你的耳朵略微高一点并且在你发箍外侧的边缘。
3. 将你的发箍装饰得像一个王冠或者冕状头饰一样。将光纤棒排列在发箍上以便它们能够照亮你的装饰。
4. 打开光纤棒！

你知道吗？

你在高速公路上看见的电话线主要都是由光纤组成的，而不是人们所认为的由铜线组成的。

40 聚会在哪里？

参加聚会时迟到仿佛是一件很时尚的事情，但是你并不想错过所有有趣的事情！这个指南针能够帮助你不再迷路。

科学原理是什么？

指南针的针就像磁铁一样，会根据地球磁场指示方向。

材料：

- 针
- 铅笔
- 磁铁
- 罐子
- 细线
- 指南针
- 小卡片

步骤：

1. 将针在磁铁上向一个方向摩擦，使针磁化。
2. 将细线的一端绑在卡片上，另一端绑在铅笔上。将针从卡片的中间扎进去。
3. 将铅笔放置在罐子的顶端使卡片悬挂在罐子中间并且不接触到底部。针能够自由地旋转。
4. 检查指南针。针和指南针应该指向同一个方向。不要把针太靠近指南针，也不要让磁铁靠近指南针和针。

41 磁铁狂

将你的客人们分成两队，然后看看每个队伍能找到多少种具有铁磁性的物质。

科学原理是什么？

磁性较强的物质有更多排列方向大概一致的原子或电子。金属的大多数粒子按照相同的方向排列时，就会有很强的铁磁性。

材料：

- 你房子里的任何物体（如叉子、勺子、回形针、铝箔、铅笔、软体玩具等）
- 磁铁

步骤：

1. 将你认为有铁磁性的物体和没有铁磁性的物体排列好。
2. 测试这些物体的磁性。如果被磁铁吸引，则它们是有铁磁性的。
3. 将有铁磁性的物体列出。

42 回形针链

让你所有的朋友帮助你制作这个神奇的磁性友谊链!

科学原理是什么?

当一个磁性较弱的物体接触到一个磁性较强的物体时，磁感应就产生了。一个磁性较强的物体其内部粒子按照南北极的方向排列，就像整齐的头发。一个磁性较弱的物体就像蓬乱的头发，它的粒子排列方向是混乱的。如果你将一个磁性较弱的物体（比如一个回形针）靠近一个磁性较强的物体，磁性较弱的物体的分子会排列地方向更加一致，具有更强的磁性。

材料：

· 回形针
· 强磁铁

步骤：

1. 给每一个客人一个回形针。
2. 拿出一个强磁铁，将你的回形针放在它上面。
3. 让你的一个朋友拿出他的回形针放在你的回形针边上，同时一直保持你的回形针贴在磁铁上。
4. 重复步骤3，让每个人将他们的回形针加入这个链条。
5. 将第一个回形针从磁铁上取下。其他的回形针发生了什么?

43 跳舞的玩偶

对跳舞感到疲倦? 让这些小玩偶代替你快乐地跳舞，而你只需要坐下观赏这个节目!

科学原理是什么?

带有负电荷和正电荷的物体会相互吸引。如果玩偶带有相同的电荷，它们实际上会"跳舞"着相互远离。

材料：

· 4块砖
· 薄塑料片
· 纸
· 彩色笔或者记号笔

步骤：

1. 将这4块砖沿着它们的长边立起来。
2. 将塑料片放置在砖块上方。
3. 让你每一个朋友都在纸上画一个他们自己的人像并且剪下来。
4. 将人像纸片放置在塑料片下方。
5. 用揉成一团的纸或者干燥的布快速地摩擦塑料片。这些"玩偶"发生了什么?

44 多么迷人啊！

想给你的聚会增添一点异国风情？试试加入一些肚皮舞，或者一场旋转的甜点秀！

科学原理是什么？

当空气变热时，分子开始快速运动并相互碰撞，随后空气膨胀变轻并上升。当空气被灯泡加热时，它会螺旋地上升。

材料：

- 灯泡
- 一张纸
- 剪刀
- 细线
- 透明胶带

步骤：

1. 将灯泡打开（灯泡开始变热）。
2. 将纸裁剪成螺旋形的蛇的样子。
3. 剪下一段细线并将它贴在"蛇"的尾巴末端。
4. 将剪下来的蛇形状的纸条放在灯泡周围，注意不要让它接触到灯泡。
5. 仔细看，随着灯泡变热蛇形纸条发生的变化。

45 食物之乐

没有厨房"突袭"的聚会都是不完整的。当你在厨房时，拿一些东西，看看哪一个能在水中漂浮起来。

科学原理是什么？

浮力是流体对淹没在其中的物体施加的力。当物体漂浮时，其重力等于它受到的浮力。更轻、内部空气更多的物体密度较小，其他条件不变时，其重力较小，因此它们具有更大的浮力。内部空气较少的物体密度较大，因此会下沉。

材料：

·水桶	·土豆	·胡萝卜
·苹果	·水	·橙子

步骤：

1. 将水桶倒满水。
2. 将所有的水果和蔬菜放进水中。发生了什么？它们全都漂浮了吗？

46
摆动的弦

大家都知道我们能够跳舞，但是，你知道回形针也可以跳舞吗？

材料：

· 细线
· 剪刀
· 直尺
· 勺子
· 金属回形针
· 绳子

步骤：

1. 将两段细线剪成每段30厘米长。
2. 给你的每一个朋友都剪一段细线，让这些细线比之前的两段都短一些。
3. 将长的细线一端绑上勺子，另一端绑上回形针。
4. 将每一段短的细线一端都绑上一个回形针。
5. 然后将每一段细线都绑在绳子上，每段细线的间距至少是2.5厘米。
6. 将绳子挂起来使其紧绷。
7. 摇晃勺子，看看随后发生了什么？

科学原理是什么？

一件物品的能量可以通过"推动"传递给其他几件物品！摆动的勺子所产生的能量通过绳子传递到回形针串的绳子上。根据回形针串的长度和它与勺子距离的不同，它将以不同的速率摆动。

47
"融化"的冰

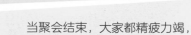

当聚会结束，大家都精疲力竭，也是时候"冷静"下来了。

材料：

· 小冰块
· "绝缘材料"（如毡、箔、报纸、塑料包装等）
· 计时器

科学原理是什么？

在冰块受热时，如果你让冰块周围的空气保持低温，它就不会很快融化。保温或隔热的绝缘体有助于保持物体的温度。

步骤：

1. 将每个"绝缘材料"剪成边长为13厘米的正方形。
2. 把你的朋友分成两组。让每个小组选择他们认为最能隔热的材料。
3. 让每个小组用他们选择的材料包一个冰块。将计时器设置为倒计时10分钟。
4. 10分钟后打开被包裹的冰块，看看哪个融化得最少。
5. 用不同的"绝缘材料"重复实验。

二、摇滚巨星

地球科学

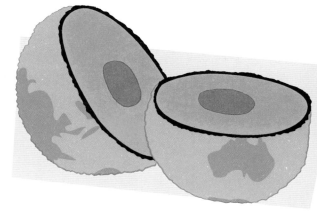

48 制作一个"地球"

谁能想到制作一个地球模型原来如此简单？很快你就能在指尖拥有整个世界啦！

科学原理是什么？

地球内部圈层可划分为地核、地幔和地壳 3 个基本圈层。地核的温度能达到约 6500 摄氏度——这个温度能够融化金属和岩石。地核又有两层：里面的一层由固态金属物质组成，外面的一层是由液态金属物质组成。地幔则由固态的岩石和液态（熔化的）岩石（也被称为岩浆）构成。地壳是由坚硬的固态岩石组成的。

你知道吗？

构成地核（内层和外层）的金属元素主要是镍和铁。这两种都是有磁性的金属，是它们让地球变成了一个巨大的磁场。

材料：

· 一个大大的泡沫球
· 世界地图（供参考）
· 粗金属线
· 一套彩色记号笔或颜料
· 小刀（在成年人的帮助下使用）
· 鱼线

步骤：

1. 在泡沫球上画出地球各个大洲和各个大洋的轮廓，并涂色。不要忘记把北极圈和南极圈也画上哦。再增加一些山脉和河流。别忘了标注出每个国家的首都！

2. 把泡沫球由中间从上到下切成两半，找一个成年人帮助你一起做。在切下来的半球的圆形切面上，画出地球的圈层。

3. 地球的地核是这个星球最热的位置。用红色的记号笔或颜料在泡沫半球的圆截面中心给地核涂色。

4. 地幔的颜色是介于地核和地壳之间的。请给地幔涂上棕色或者橙色。

5. 在泡沫半球的圆截面边缘画上一圈黑线表示地壳。

6. 将两根粗金属线弯成两半，并将线的两端做成两个圆环。将圆环线圈插入泡沫地球每一半的"顶部"。然后用鱼线穿过两个线圈并悬挂你制作的地球，使两个半球连在一起，这样你也可以看到地球的内部！

49 可以吃的"地球"

是不是从来没有饿到过这种地步——感觉可以吃掉整个世界？现在你真的可以这样做！

科学原理是什么？

地壳是地球表面非常薄的一层：海洋部分是 5 到 10 千米厚，陆地部分是 35 到 70 千米厚。对比来看，地幔有 2900 千米厚！

材料：

· 1个橡皮软糖（有时候也称为酒胶糖，枣味软糖或枣味菱形硬糖）
· 14个棉花糖
· 1勺黄油
· 可用于微波炉加热的大碗
· 两杯谷类麦片
· 凝固的巧克力酱
· 小刀（注：在成年人的监护下使用）

步骤：

1. 将糖压进1个棉花糖中间。
2. 把剩下的棉花糖放进大碗，并在其周围抹上黄油。将大碗放进微波炉并设置高温加热1分钟（请成年人来帮助）。当心！棉花糖会膨胀起来而且会很烫！
3. 在大碗中倒入麦片。将其与大碗中的棉花糖及黄油混合、搅拌并等待它们冷却。
4. 将手弄湿，把大碗中的混合物揉成一个小球。把有糖的棉花糖放在小球中间。
5. 将这个小球放在冰箱中冷却30分钟。
6. 从冰箱中拿出小球，在小球的外面涂上巧克力酱，并等待它凝固。
7. 现在把你的地球切开。看看里面有几层！

50 地心探究

谁能想到苹果原来和地球如此相似？

科学原理是什么？

地壳的厚度对于地幔就像苹果皮对于苹果肉一样。事实上，地壳也许比苹果印章上的那一圈苹果皮看起来更薄。

材料：

· 苹果
· 小刀
· 印泥
· 大张的纸
· 笔

步骤：

1. 将苹果横放，并从上到下切成两半，将切好的半个苹果按压在印泥上。
2. 然后再将这一半苹果按压在一张纸上，轻轻用力压一会儿，停留几秒。
3. 小心地拿起苹果。现在你能在纸上看到苹果印章了。
4. 注意到苹果印章和地球内部圈层的相似之处了吗？在你的苹果印章上标出地壳、地幔和地心。

51

板块运动

觉得大地有点儿摇晃？可能是你脚下的土地在移动！

科学原理是什么？

地球表面的一层地壳是由板块组成的。这些板块在地幔表层不断地移动。当两个板块相撞或一块滑到另一块下面时，地球表面的面貌就会改变。

材料：

· 全麦薄脆饼干/可消化的饼干
· 蜡纸

步骤：

1. 将两块饼干并排放在蜡纸上。它们之间的缝隙就可以看作是地面的一个裂缝或者海洋底下的一个裂谷。慢慢地将两块饼干分开。就好像地球表面的板块慢慢地移动着分开了，从地幔涌出的岩浆影响着新的海洋和水下的山脉的形成。
2. 现在将两块饼干相对移动。当它们碰撞的时候是不是碎裂了？地球上的很多山脉都是因为板块运动时的相互挤压而形成的。
3. 现在再次移动两块饼干，将其中一块轻轻地滑到另一块饼干的下面。如果地壳板块也做同样的运动，下面的板块就会由于压力和高温而熔化。

52

极速冰冻

别忘了奶昔，拿出搅拌机一起来做"冰球"吧！

科学原理是什么？

到了夏天还没有融化掉的雪会形成冰川。冰川一层一层逐渐形成了冰河，冰河在大地上流淌，并对流过的地方底下的石头进行了一番"雕刻"。如今，冰川融化的速度比100年前更快了。很多科学家认为这是全球温室效应造成的。

材料：

· 搅拌机
· 冰块
· 托盘
· 橡胶手套
· 冰柜

步骤：

1. 将冰块搅碎（可以请求成年人的帮助），然后将碎冰倒入托盘。
2. 戴上橡胶手套，将碎冰捏成一个球。
3. 让这个球融化1分钟，然后放进冰柜。
4. 拿出这个冰球。它是不是变成一整块冰了？

极地趣玩

动起来！弄乱一点也没关系！
这都是以科学的名义在探究！

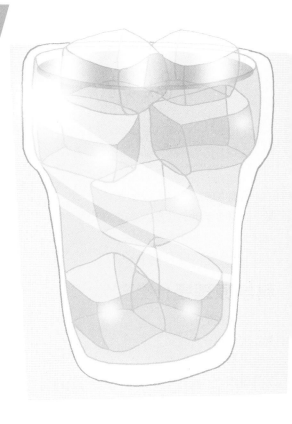

科学原理是什么？

极地冰冠是覆盖在地球南北极的厚厚冰层。据说，因为全球变暖极地冰冠正在收缩。极地冰冠融化改变了海洋的生态环境，破坏了海洋植物和沿海动物的生存环境，并导致全球海平面上升。

材料：

· 冰块
· 大杯子
· 足量的水

步骤：

1. 向杯子中倒入一半冰块。在此实验中，冰块代表极地冰冠。
2. 向装有冰块的杯子中倒入大量的水。尽量倒满，不要让水溢出。在此，水代表地球上的海洋。
3. 现在，等待极地冰冠（冰块）慢慢融化。观察会发生什么？

你知道吗？

地球在自转的过程中，极地冰冠在地球转到某一个角度时能够受到阳光照射，但是在漫长的冬天，极地冰冠几乎不会受到阳光的照射，这让其表面一直保持低温。

随着时间的推移，极地冰冠由于气候的变化在体积和规模上也发生了变化。在冰河世纪，极地冰冠覆盖的地方比现在更加广阔。

54 跳跳糖

和你的实验课老师分享这个实验，也许他会允许你在学校吃口香糖哦！

科学原理是什么？

在漫长的时间里，岩石从一种类型变成另一种类型，这个过程叫作岩石循环。岩石循环起源于最初的岩浆岩，岩浆岩是岩浆冷却变硬后形成的。岩浆岩破碎以后形成沉淀物，千万年以后，这些沉淀物聚集到一起形成了沉积岩。你在山崖边看到的很多层的岩石，那就是沉积岩。随着时间的流逝，沉积岩被埋进地壳，在温度和压力的作用下，沉积岩逐渐变成变质岩。

材料：

· 口香糖
· 小碟子
· 跳跳糖

步骤：

1. 将一块口香糖放在小碟子上。将它假想成沉积岩，然后将它放进嘴里。

2. 在嘴里嚼口香糖。你嘴里的温度和牙齿的压力会改变它的形状。

3. 从嘴里拿出嚼过的口香糖，并把跳跳糖裹进口香糖里。再放进嘴里嚼，这会升高口腔的温度并增大牙齿的压力。现在你嘴里的口香糖已经变成"变质岩"了。

4. 从嘴里拿出口香糖，把它放在碟子上。等它冷却、变硬。冷却变硬之后的口香糖就变成"岩浆岩"了。

55 岩石煎饼

早餐时间到了，谁想来点儿"沉积岩"和"糖浆"？

科学原理是什么？

沉积岩和岩浆岩在遇高温、高压或热的矿物质流体时会形成变质岩。由于外界温度和压力的作用，变质岩看起来是稠密的一层一层的形态。

材料：

· 葡萄干、椰子干和坚果（进行此实验时，请提前确认是否有人对坚果过敏）

· 和好的煎饼面糊
· 煎锅
· 刮铲

步骤：

1. 在和好的煎饼面糊上撒上葡萄干、椰子干和坚果。这时的煎饼面糊就像沉积岩。
2. 现在，请一个成年人来帮助你做煎饼。在摊煎饼的过程中，用刮铲压平煎饼。你是否观察到煎饼面糊已经变硬并且改变了形态？这就像变质岩的形成过程。

56 动手做"岩石"

地心的温度极高，但是本实验中的给这些石头可以让你感觉清凉！

科学原理是什么？

固体物质在温度和压力的作用下会熔化。但是，变质作用不会使岩石熔化。岩石的结构会变得更加紧凑。矿物成分会发生重组或在遇到矿物质流体时发生反应形成新的矿物质。

材料：

· 两个冰块
· 细绳子或细线
· 纸巾或抹布

步骤：

1. 将一个冰块放置在平面上。
2. 将细线铺在冰块上，细线的两端自由落在冰块两边。
3. 将另一个冰块放在第一个冰块上。将纸巾放在第二个冰块上，把手放在纸巾上按压1分钟。
4. 10秒过后，抽出细线的一端。两个冰块在压力的作用下融在了一起并形成新的冰块！

57 吹散了

别再拿着吹风机吹头发了，用它来吹吹土壤，看看会发生什么！

科学原理是什么？

土壤会被气候影响。在风力和雨水的作用下，表层的土壤会被剥离。这就是土壤的侵蚀过程。沙丘是风力侵蚀后的一种典型产物。风吹起干净的沙子，形成一个个的沙丘。众所周知，沙丘常常掩埋绿洲，甚至掩埋了很多古老的城市！

材料：

· 松软的泥土
· 托盘
· 吹风机（你也许需要延长吹风机的线）

步骤：

1. 将泥土放在托盘里。（请在室外进行这一步，否则会将房间弄得一团糟！）
2. 将吹风机倾斜地放在托盘一侧，打开吹风机，吹动泥土。发生了什么？是不是有的泥土被吹走了？

---

58 磁铁迷

拿出你的磁铁玩耍吧！在这个实验中你还能学习铁元素在磁引力中的重要作用！

科学原理是什么？

岩石是由不同的矿物组成的。有的岩石包含铁元素，这使得它具有磁引力。正是岩石中的铁元素让你的磁铁能够与岩石互相吸引。

材料：

· 石头（各种不同的石头）
· 硬卡纸
· 磁铁

步骤：

1. 将石头分散地放在硬卡纸上。
2. 拿着磁铁靠近每一块石头。发生了什么？是不是某些石头会被磁铁吸引呢？

59 "岩石早餐"

你是否最爱吃谷物麦片？磁铁也是！

科学原理是什么？

包含铁元素的物质会被磁铁吸引。很多速食谷物麦片都包含铁元素。氧气对人体十分重要，而铁元素能够帮助人体运载氧。

你知道吗？

阿波罗 11 号上的宇航员每天吃的早餐是由各类干果混合做成的麦片，这些麦片被压缩成一小块一小块的。没有重力作用，宇航员是不可能将麦片和牛奶倒入碗里的！

材料：

· 不同的麦片
· 杯子
· 带拉链的塑料袋
· 磁铁
· 擀面杖

步骤：

1. 装一杯麦片，并将它倒入塑料袋内。在塑封前将袋内的空气排净。其他种类的麦片也用同样的方法装袋。

2. 用擀面杖将麦片不断碾压，直到麦片呈粉末状。

3. 将磁铁靠近每一个装麦片的塑料袋，麦片是否被磁铁吸引？

60 食盐画作

画完一幅画以后，再刷一层食盐！太棒了！你已经创作一幅佳作了！

科学原理是什么？

岩盐就是人们熟知的石盐。它是氯化钠（食盐）的矿物质形态。食盐具有吸水性。在咸水湖边和海边，水分不断蒸发，有时会形成几百米厚的岩盐层。

材料：

· 1杯食盐
· 1杯可饮用的热水
· 1个平底锅
· 4只小碗
· 3种颜色不同的食用染色剂
· 漆刷
· 大卡纸（可以选用不同颜色的彩色卡纸）

步骤：

1. 将食盐和水放进平底锅内，混合搅拌成盐水（可以请求成年人的帮助）。
2. 将盐水分在4只小碗里。在前3只小碗中分别滴入一种颜色的染色剂，每碗滴4滴。第四只碗中不添加任何染色剂。
3. 用刷子蘸"涂料"在纸上画画。画完以后，让其自然晾干。水分蒸发以后，纸上就会呈现出晶体图案。

61 生活需要积累

沉积岩的形成需要很多很多年。谁有那么长的时间等待它的形成？试试这个快速的方法！

科学原理是什么？

沉积岩是由紧密排列的岩层组成的。当含有矿物质的水遇到岩石时，它会渗透到岩石的微粒中，水分蒸发后，矿物质会留下。这些矿物质将微粒黏合在一起形成更大的岩石。

材料：

· 食盐
· 水
· 碗
· 沙子
· 纸杯
· 放大镜

步骤：

1. 在碗中放入食盐和水，盐和水的比例为1∶2，做成"水泥"。
2. 将沙子倒入纸杯，装满杯子的一半。用手将沙子压平。
3. 慢慢将第1步中做好的"水泥"倒入纸杯。
4. 将纸杯放在温暖的地方等待沙子风干。由于气候和温度不同，这个过程需要1~3天。
5. 小心地将纸杯撕开。
6. 用放大镜观察沙子。

62 神奇的砂纸

永远不要低估沙砾的力量，它们能做成很多神奇的事！

科学原理是什么？

沙子被风吹起，经过地球的表面（如悬崖或者山坡）时，能够改变所经之处的地形、地貌。风沙也能侵蚀无保护的沙丘和岩石：带走沙丘表面的沙粒，有时甚至会引发沙尘暴。

材料：

- A4纸
- 胶水
- 沙子
- 滤网（选用）
- 一块木头

步骤：

1. 将A4纸平铺在桌上。
2. 轻轻地在纸面上涂一层胶水。
3. 趁着胶水还未干时，在其表面撒一层沙子。如果你想将沙子撒得更加均匀，可以使用滤网。
4. 待胶水变干以后，试着用它去摩擦一块木头。

63 水晶材料

众所周知宝石非常漂亮，但是你知道它们为什么那么闪亮吗？

科学原理是什么？

大部分的宝石都是在地底下形成的。黄玉和红宝石，则是在岩浆晶体化的过程中形成的。

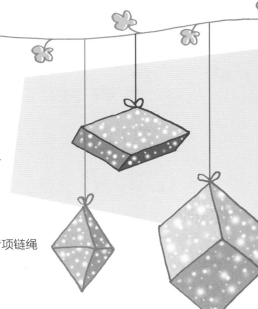

材料：

- 彩色纸片
- 剪刀
- 小亮片
- 胶水
- 粗绳或者项链绳

步骤：

1. 将彩色纸片折成本页上的立体图形。
2. 如果你喜欢的话，可以在纸片上用胶水和小亮片做一个装饰。
3. 用粗绳或者项链绳将这些"宝石"串起来。

64

发明水晶

大自然母亲创造了很多酷酷的东西，比如水晶，其实你也可以做到！

科学原理是什么？

水晶是矿物。大多数水晶都需要千百万年的时间来"成长"，但是盐这种晶体不需要这么长的时间。

你知道吗？

宝石在形成过程中从矿物中吸收不同的色彩。世界上有多种矿物，其中，只有少数矿物元素能让宝石拥有美丽的色彩。

材料：

· 2～3杯水
· 平底锅
· 炉子
· 500克食盐
· 大碗
· 两块木炭

步骤：

1. 用平底锅把水加热。（可以请成年人帮忙。）

2. 在锅内倒入食盐，并不停地搅拌至食盐彻底溶解。

3. 将盐水倒入大碗内，加入两块木炭。

4. 将大碗静置在一个安全的地方，5天之后再来查看。你的这个"创意菜"上有没有长出水晶？

51

65 仿真岩石

材料：
· 食盐
· 两杯热水
· 多个半个的鸡蛋壳
· 食用色素（尽量准备不同颜色的食用色素）

有时候，很多事物的内部比它的外部看起来更酷！

科学原理是什么？

晶球是球状岩石的内部晶体。晶球内部晶体的颜色各异，这是因为其内部的矿物各不相同。

步骤：

1. 将食盐加入热水中，不停搅拌至食盐彻底溶解。
2. 在两杯溶液中加入食用色素。
3. 将溶液倒入鸡蛋壳中，等待水分蒸发。（这一步可能需要几天，请耐心等待。）
4. 当水分蒸发以后，你就制作出你自己的晶球啦！

66 请你吃糖果

材料：
· 黑色的盘子
· 一杯枫糖浆
· 平底锅
· 炉子

"水晶"不只是好看，它们也很好吃！

科学原理是什么？

糖和水在极高的温度下混合，当大部分水分都蒸发后，溶液中只剩下糖，剩下的这部分叫作过饱和溶液。当溶液开始冷却，就会结晶、变硬。在自然界，宝石、石笋和钟乳石也是经历这样的过程形成的。

步骤：

1. 把盘子放在冰箱中冷藏30分钟。
2. 请1名成年人帮你把枫糖浆倒在锅中，中火加热。
3. 在加热时不断搅动枫糖浆直到锅底和锅边慢慢出现晶体。
4. 将枫糖浆倒在冷盘子上，观察晶体的形成过程。

67

发光女孩！

比彩色的水晶更好的是什么？当然是在夜里闪闪发光的水晶！

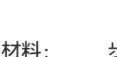

科学原理是什么？

晶球是在岩石内部空隙里形成的晶体。这些空隙是火山爆发时在岩石中产生的气泡。

她做到了！

凯瑟琳·雅德利·隆斯代尔
爱尔兰人

凯瑟琳出生于 20 世纪初期，在爱尔兰长大。她在 16 岁的时候获得了奖学金，去大学学习物理。在大学毕业后，凯瑟琳开始研究晶体。她证明了苯环（有机化学中的一种重要结构）是平面的规则的正六边形！1949 年，她成了伦敦大学化学系的教授。她也是英国科学促进协会的首位女主席。

材料：

· 鸡蛋
· 荧光颜料
· 画笔
· 一杯热水
· 小壶
· 硼砂
· 食用色素
· 纸巾
· 杯子

步骤：

1. 小心地将鸡蛋的一头在桌角磕破。
2. 将鸡蛋里的蛋清和蛋黄都倒出来（可以将它们放起来做菜用）。
3. 把蛋壳内的东西清理干净。如果蛋壳内还有一层薄薄的膜，把它撕下来。
4. 让蛋壳在空气中风干。
5. 用荧光颜料刷一遍蛋壳内部，然后将蛋壳静置在一旁待其晾干。
6. 把热水倒在小壶中，加入硼砂搅拌。待硼砂彻底溶解并且小壶底部出现硬硬的晶体时停止搅拌。
7. 往小壶中加一到两滴食用色素。
8. 将纸巾揉成一团，在杯子里做成一个"鸡蛋窝"，然后把蛋壳放在上面。
9. 把晶体溶液倒入蛋壳，尽量倒满整个蛋壳。
10. 等待几小时，等晶体"成长"。
11. 左右倾斜蛋壳，擦掉流出的多余的溶液，将晶球晾干。
12. 关掉灯，欣赏发光的晶球！

68 闪闪发光的绳子

你有没有试过自己做水晶？

科学原理是什么？

盐或糖这样的物质遇到温水就会溶解。当水分蒸发以后，溶液中的盐或糖就留下来变成晶体。

材料：

· 半杯水
· 平底锅
· 炉子
· 1/4杯盐（也可以用明矾或者糖）
· 窄口玻璃杯
· 30厘米长的绳子

步骤：

1. 用平底锅将水小火加热。（你可以找一个成年人来帮助你。）
2. 在水中加入盐，一直加，直到盐不再溶解。
3. 把平底锅端在一旁静置冷却，等待晶体形成。
4. 将最大的一个晶体从锅中取出，再向锅中倒入一些盐。
5. 再次加热平底锅中的溶液，直到盐完全溶解。
6. 等溶液冷却后，将其倒入窄口玻璃杯。
7. 将绳子绕住之前取出的晶体后，再放入溶液中，静置几天。会发生什么变化？

69 小火山

嘿！快准备好做这个"爆炸性"的实验！

科学原理是什么？

火山下面的岩浆房在压力的作用下会引起地壳的炸裂，使得火山中的岩浆喷薄而出。在压力的作用下，熔融的岩石膨胀并从火山口喷出，产生了很多灰烬和熔岩。

材料：

· 金属漏斗
· 橡皮泥（只需少量）
· 煎锅
· 炉子
· 水

步骤：

1. 拿出金属漏斗，用橡皮泥堵住漏斗的窄口。
2. 倒入水，装满煎锅的1/3，然后将其放在炉子上加热。（如有需要，请向成年人寻求帮助。）
3. 将漏斗放在煎锅上，宽口朝下，放入水中，窄口朝上。
4. 将炉子的火调大，站到一旁！

神奇的纸浆

制作纸火山需要时间和耐心，但是效果保证很神奇！

科学原理是什么？

岩浆喷出地表时，它携带的气体也喷薄而出。这些气体可能会慢慢跑出来或者混在岩浆中像含气的饮料那样往外冒。如果岩浆的水分很多，熔岩就会流动得很快，气泡就会冒得很慢。而岩浆很浓稠的时候，则不太容易流动，这时气泡反而能够随着火山喷发快速喷出。

材料：

· 苏打水塑料瓶
· 纸盒
· 胶带
· 空白卡纸
· 报纸
· 剪刀
· 深灰色、黑色和红色的颜料
· 画刷
· 制型纸板纸浆（胶和水的混合物）
· 两汤匙苏打粉
· 红色的食用色素
· 饮用玻璃杯
· 1/4杯的醋

你知道吗？

"Vocano"（火山）这个词来源于罗马神话火神的名字 Vulcan！

步骤：

1. 揭开苏打水塑料瓶的盖子。将纸盒倒立，把打开的瓶子放在纸盒上，保持瓶子开口向上，并用胶带把瓶子底部和盒子粘在一起。

2. 取几张报纸，轻轻地揉成纸球。

3. 用胶带将纸球贴在瓶子的周围，做成一座纸山。

4. 将报纸剪成纸条，用纸条蘸取制型纸板纸浆。

5. 用手指将每个纸条上多余的纸浆清理干净。然后将纸条贴在你的"火山"上，保证纸条完全盖住"火山"。注意保持瓶口开口处的整洁。

6. 将"火山"放一晚待其晾干。

7. "火山"完全变干后，给它上色。红色代表岩浆，深灰色代表"火山"，黑色代表灰烬。

8. 待涂料变干后，你的"火山"就已经准备好"爆发"了！将小苏打倒入塑料瓶中，大概倒满整个瓶子的1/4。

9. 在玻璃杯中倒入一些食用色素，再加入醋。将这个混合物倒入"火山"中，然后站远一点观察！

71 冰雪宝宝

将糖霜变成熔岩，看着它流动吧！

材料：

· 500克糖霜
· 两个碗
· 冰箱
· 两个碟子

步骤：

1. 将糖霜平均分成两份放入两个碗中。
2. 将一个碗放入冰箱进行冷藏，一直放到溶液结霜但是仍可以倾倒的时候。
3. 现在将温热的混合物倒在一个碟子上，将冷却的混合物倒在另一个碟子上。你注意到两种糖霜倒出来时是怎样的情形了吗？

科学原理是什么？

岩浆所受到的压力及其热量和流量决定了会形成何种类型的岩浆岩。在地球表面缓慢流动的熔岩形成的岩浆岩具有不同的结构，例如，有的火成岩是由岩浆在海底的冷水中喷发而形成的。浮石是一种火成岩，由极热和加压的"泡沫"熔岩形成，这种岩石上有很多气孔。冷却的熔岩如果不能快速流动并立即硬化，则形成黑曜石或"黑色玻璃"。

72 美味的肉汁

是时候做晚饭了！来制作你的特色菜："火山泥"！

科学原理是什么？

泥火山是一种形状像火山的"泥球"。当气体从地面喷出时，它会溶解岩石并形成泥浆。有了泥火山，热泥不只是简单地沸腾，它还会像熔岩一样流动。有时它甚至会在空中爆炸！当地下的气体积聚并受到压力时就会引发火山喷发。

材料：

· 肉汁
· 水
· 平底锅
· 炉子

步骤：

1. 把肉汁倒入平底锅，加水混合。
2. 将平底锅放在炉子上加热。（如果需要，请向成年人寻求帮助。）
3. 发生了什么？你能看到汤汁表面在鼓泡泡吗？

73 超级下坠者

所有的石头都会下沉，是吗？是……

科学原理是什么？

岩石可以在水中漂浮或下沉，这取决于它们的密度和多孔性。密度描述的是单位体积物质的质量，多孔性描述了物质之间的空间。多孔的岩石，更容易漂浮。

材料：

· 笔和纸
· 装满水的干净的塑料容器
· 浮岩/浮石
· 砂岩和花岗岩各一小块
· 一小块砖或一块水泥

步骤：

1. 首先，预测哪些岩石会漂浮，哪些岩石会下沉。写下你的预测。
2. 将所有岩石放入水中。
3. 检查你猜对了几个。

74 口渴的石头

石头也会感到口渴吗？

科学原理是什么？

当熔岩或岩浆冷却后就形成了岩浆岩。在冷却的过程中，气泡通常会被困在熔岩或岩浆内。带有大量气泡的多孔岩石吸收的水量多，因为其内部有更多的空间可以被填充。浮石是一种典型的内部充满空气的石头。

材料：

· 4个大的干净的塑料容器
· 测量壶
· 水
· 纸和笔
· 花岗岩、砂岩、浮石和石灰石各一块

步骤：

1. 量好等量的水，分别倒入每个容器中。记录此时容器中水平面的刻度数据。
2. 分别在容器中放入不同的岩石。确保水完全覆盖岩石。将岩石留在水中至少30分钟。水位是否会发生变化？
3. 小心地将岩石取出。记下每个容器对应的是哪块岩石。
4. 现在计算每块岩石吸收的水量。让岩石上多余的水沥干，将剩余的水倒回测量容器中，并用步骤1中的水量减去此时的量，得到的就是被每块石头吸走的水量。

75 石头、石头，再见啦！

很多人都觉得分别是一件非常艰难的事，但是如果你是一颗石头，就不会这样觉得啦！

科学原理是什么？

当岩石内的水冻结时，由于水的体积会增大，会导致岩石破裂。经过几次冷冻和解冻的循环后，岩石将开始破碎。

你知道吗？

冻融作用是岩石内的水冻结和融化的过程。随着水体积的增大，岩石将开裂。该循环将重复几次直到岩石发生破坏。

材料：

· 各种各样的岩石
· 纸和笔
· 塑料瓶
· 水
· 冰柜

步骤：

1. 研究你收集的岩石。写下你认为在冻结时会被破坏得最严重的石块。
2. 将岩石放入塑料瓶中。将瓶子装满水并冷冻。
3. 当水冻结后，取出瓶子，让水解冻。
4. 一旦冰完全融化，再将瓶子放回冰箱。重复此循环5次。
5. 从瓶子中取出岩石。哪块变化最大？哪些石头已经失去了一些小颗粒？

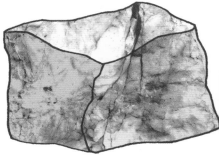

76

记起来!

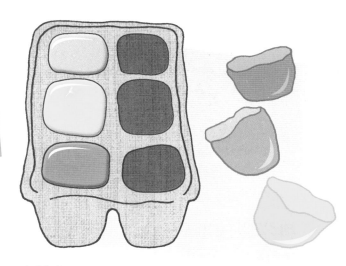

找不到合适的彩色粉笔? 自己动手做!

科学原理是什么?

白垩实际上是一种非常柔软的岩石。它由一种叫作碳酸钙的材料制成,通常呈白色或黄色。

你知道吗?

白垩可以形成任何东西,从小型矿床到巨大的悬崖,如英国的多佛白崖(The White Cliffs of Dover)。

材料:

· 塑料手套和防尘面具
· 搅拌棒(那种用完就可扔掉的)
· 两杯巴黎石膏
· 1杯水
· 一只大的搅拌用的碗(最好是一次性的)
· 4汤匙胶画颜料(一种或多种颜色)
· 鸡蛋盒

步骤:

1. 戴好塑料手套和防尘面具。
2. 用木棍把巴黎石膏和水在碗里混合,搅拌至其开始变硬并呈奶油状。
3. 将胶画颜料刷在石膏上。如果你想让你的粉笔是纯色的,请搅拌均匀。如果想要粉笔呈现出大理石的花纹,只需简单搅拌一下。如果你想要更多花纹,请添加两种或两种以上颜色的胶画颜料。
4. 将和好的石膏倒在鸡蛋盒里,静置待其变硬。
5. 待石膏变硬(大约半小时后),请将其从鸡蛋盒中取出放置。
6. 想让粉笔材料完全变硬大约需要一整天,但其实从鸡蛋盒中取出时你就可以拿来用了!

77

古老的绘画

混合一些颜料，找一块石头，来创作一件古老的艺术作品吧！

科学原理是什么？

我们现在使用的大多数颜料都是用化学物质制成的，但它们也可以用天然材料制成，如动物脂肪、泥土、岩石和矿物质。我们在今天仍然可以看到古老的岩画，这是因为它们都在隐蔽的地方（如洞穴），没有因暴露而风化。

材料：

做成粉笔的白垩是沉积岩的一种

· 粉笔
· 两个可密封的塑料冷冻袋
· 锤子
· 干净的玻璃瓶
· 冰棒
· 水
· 1个鸡蛋黄
· 碗
· 石头
· 画笔

步骤：

1. 把粉笔放在一个塑料袋里并封住，然后把这个塑料袋再放进另一个塑料袋里并封住。每次密封之前，确保尽可能多地排出袋中的空气。
2. 把粉笔锤成粉末。
3. 将粉末倒入一个小罐子中。
4. 在罐子中加入一小勺水，并用冰棒搅拌，直到得到非常顺滑的溶液。
5. 加入蛋黄（起到黏合剂的作用）并搅拌。
6. 加入一些水，一次加一点儿，直到你的糨糊像绘画颜料一样浓稠。现在拿起你的画笔和石头，创造自己的石头绘画吧！

78

在"石头"上写字

在纸上写字已经过时啦！试试在"石头"上写字吧！

科学原理是什么？

黏土一般是富含氧化铝、氧化硅和水等物质的混合物。当黏土湿润时，常被称为"可塑的"，这意味着它的形状很容易被改变。当黏土在高温下燃烧时，便失去水分，就变得像石头一样坚硬了。

材料：

· 1杯面粉（多准备一点儿富余的）
· 1杯盐
· 半杯热水
· 碗
· 勺子
· 砧板
· 食用色素
· 擀面杖
· 石头

科学石块

步骤：

1. 把面粉、盐和热水混合在碗里，形成面团。
2. 在砧板上撒上面粉。
3. 把面团在砧板上揉至少5分钟，同时加入食用色素。
4. 把面团擀成一块面片。
5. 用石头在面片上写下一条信息，然后等面片变干（根据大小，需要1到5天时间）。

79

岩石花园

谁说花园只能用来种东西？大开脑洞想一想，来看看这个绝妙的花园！

科学原理是什么？

地质学家研究地壳的化学性质和物理成分。他们通过研究各种各样的岩石来了解地球的历史。

材料：

· 岩石相关的参考资料
· 1个容器或结实的袋子
· 硬卡纸和笔
· 冰棍
· 胶水

步骤：

1. 收集不同种类岩石的参考资料，可以去书店、图书馆或互联网上看看。
2. 用容器或结实的袋子，收集你所见到的不同的岩石。
3. 把石头洗干净或掸掉其灰尘，这样你就能更清楚地看到它们了。
4. 结合你的参考资料，看看你能识别出多少种岩石。
5. 用你无法辨识的岩石为你的岩石花园修一个外围。
6. "种植"你已经辨识出的岩石，把它们排列成行、圆圈或任何你想要的形状。确保相同类型的岩石被组合在一起。
7. 用纸、笔、冰棍和胶水为每组岩石创建名称标志牌。
8. 在你的花园里做好路标，告诉游客们哪些石头在展出。

你知道吗？

日本的岩石花园通常被称为"禅宗花园"，常位于禅宗寺庙中。

80 闪闪发光

材料：
- 宝石相关的参考资料
- 收集的各种宝石（如石英、翡翠）
- 亮光

步骤：
1. 找出你周围常见的宝石。石英很容易找到，翡翠也是珠宝中常见的宝石。
2. 尽你所能收集更多的宝石。看看室外地面上和室内有没有石头做的东西。查阅互联网或宝石相关的书，看看你发现的岩石是否真的是宝石。
3. 将亮光照在宝石上，一次只照射一块宝石。如果光线从另一侧透出，则宝石是半透明或透明的。如果光线不能穿透宝石，则它是不透明的。

宝石在哪儿都能发光照亮周围的世界！但是它们对光的反应是怎样的呢？

科学原理是什么？

有些岩石和矿物是透明的，这意味着光能穿透它们。有些矿物是不透明的，这意味着光不能从中穿透。半透明材料介于不透明材料和透明材料之间。它们比透明物体的密实程度高，但又不像不透明物体的密实程度那么高。它们只允许一些光线通过。透明度和颜色是辨别矿物类型的有用指标。

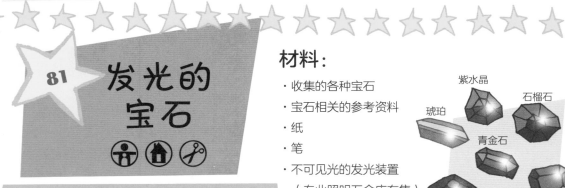

81 发光的宝石

材料：
- 收集的各种宝石
- 宝石相关的参考资料
- 纸
- 笔
- 不可见光的发光装置（专业照明五金店有售）

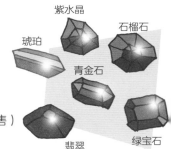

紫水晶 石榴石 琥珀 青金石 翡翠 绿宝石

宝石在任何盛大的聚会上都是热门单品。找些宝石来给你的衣服增色，愉快地玩一整晚吧！

科学原理是什么？

有些宝石能在紫外线（或紫外光）下发光。当你用不可见光（一般指紫外线和红外线）照射它们时，它们会显示出美丽而诡异的颜色。方解石是一种宝石，在不可见光的照射下它能发出4种不同颜色的光：红色、粉色、黄色和蓝色。

步骤：
1. 使用你在实验80中收集到的宝石。
2. 把宝石排成一行。结合参考资料，在纸上记下你排列的宝石。
3. 关掉灯，用不可见光照在宝石上，一次照一颗宝石。哪颗发光？把结果写下来。

82

泥巴 "花蕾"

这个实验会改变你对玩泥巴的看法！

科学原理是什么？

　　地质学家研究岩石和地球。他们寻找各种化石，这些化石是保存在岩石中的曾经生活在地球上的动植物。化石的情况给我们提供了很多线索，帮助我们了解地球曾经的样子。

材料：

· 土壤
· 水
· 贝壳
· 蜡纸
· 饼干纸/烤盘

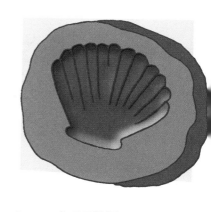

步骤：

1. 把土壤和水混合在一起，和成稠稠的泥。
2. 将贝壳搅拌在泥中。
3. 把蜡纸铺在饼干纸/烤盘上。把泥倒在上面。
4. 把泥做成"泥饼"。确保贝壳被完全盖住。
5. 把饼干纸/烤盘放在阳光下晒1到2天，直到泥变干。
6. 轻轻地打碎那块泥，找到你的"化石"。观察它留下的印记。

83

摇摇乐！

做一个石头摇摇乐，然后摇起来，就好像你是个摇滚明星！

科学原理是什么？

　　侵蚀作用让岩石表面光滑而有光泽。你听说过"粗糙的钻石"这个词吗？即使是最珍贵的矿物，其表面也必须经过打磨处理，才能成为具有吸引力的珠宝。

材料：

· 非常软的岩石（莫氏硬度等级为4到6级的岩石，如磷灰石、正长石和石英）
· 带盖子的塑料圆柱形容器
· 沙子
· 水

步骤：

1. 把石头放进容器里，加入沙子和水，填满容器的3/4。并盖好容器的盖子。
2. 尽可能频繁地摇晃容器，这样持续一周或更长时间。
3. 打开容器，取出岩石，观察它们有何不同？
4. 重新密封容器，继续摇晃和检查岩石。观察它们是如何继续改变的？

84 酸性试验

材料：
- 碗
- 醋
- 花岗岩、砂岩和石灰石各一块
- 钳子

步骤：
1. 往碗里倒醋。
2. 把花岗岩放在醋里。会发生什么？用钳子将花岗岩取出。
3. 接下来，把砂岩放在醋里。会发生什么？取出砂岩。
4. 最后，把石灰石放在醋里。会发生什么？会起气泡吗？

试着做一下这个实验——发出最大的嘶嘶声！

科学原理是什么？

有些矿物对酸起反应，有些则根本不起反应。石灰石与醋接触时会放出气体。石灰石可以由贝壳、珊瑚和海洋生物的骨头融合而成。它们是由碳酸钙构成的，碳酸钙是由矿物方解石形成的物质。当接触到弱酸（如醋）时，会产生二氧化碳。

85 石头聚会

材料：
- 收集到的各种石头
- 笔
- 纸

一块石头是很酷的！一堆石头呢？可以摇滚起来！

科学原理是什么？

地质学家知道在特定地方发现的岩石有时会具有独特的性质。例如，来自新泽西富兰克林洞穴的硅锌矿中含有锰——一种特殊元素。这些岩石会在紫外线下发光。通过岩石，我们能够了解其所在地的更多信息。

步骤：
1. 去附近的公园或海滩等地方。
2. 收集6种石头，确保它们来自不同的地方（比如花园、湖边、学校操场）。
3. 写下你能发现的岩石之间的所有差异。
4. 你认为岩石来源位置的差异能解释所发现的岩石之间的差异吗？

86 我的岩石世界

你周围有多少东西是由岩石构成的？

科学原理是什么？

岩石、金属和矿物是我们重要的自然资源。你可以在计算机里找到金子，在罐头里找到铝。大理石台面、石板桌、磨脚用浮石、滑石粉……你说得出名字的东西里都能找出一些这样的资源！

材料：
· 纸
· 笔

步骤：

1. 想想你家里有多少东西是石头或者金属做的。猜一猜！
2. 现在到各个房间走一走，看一看，摸一摸你能找到的每个物体。
3. 有多少东西是石头做的？有多少是金属做的？是不是比你猜的要多？有没有哪一个发现让你感到很惊讶？

87 淘金之旅

准备好你的好运了吗？来一起淘金吧！

科学原理是什么？

黄金是一种珍贵的金属，可以在河床上找到。黄金比岩石或沙子重，所以它沉到了河床的底部。从河床上挖出泥土，用水冲洗掉岩石和沙子，这样黄金就露出来了。

材料：
· 平底托盘
· 水
· 谷粒
· 漏勺或筛子
· 金色染料

步骤：

1. 在托盘里倒一层浅浅的水。
2. 将谷粒倒入水中。
3. 用漏勺舀出一些谷粒。
4. 抖动漏勺，让小的谷粒掉下去，剩下大的谷粒。从勺子里选出一批谷粒，这些就是你的"金子"。
5. 重复以上步骤，直到选出一小堆谷粒。
6. 将你筛选出的这堆谷粒涂成金色。
7. 湿颜料会将这些谷粒黏在一起，形成较大的"金块"。等颜料干了，你就可以得到"真正的金子"了。

88 太空飞石

有的岩石来自外太空!

科学原理是什么?

来自地外的岩石通常是深色的圆形颗粒,表面有斑点。每天,成吨的这些微粒从较大的陨石上脱落掉到地球上。它们在太空中极为常见,在极地区更容易找到(因为它们不与其他沉积物结合)。除非仔细观察,否则你不会感觉到或看到它们,因为它们是微小的,这就是为什么它们被称为"微陨石"。

材料:

· 大白纸
· 磁铁
· 放大镜

步骤:

1. 选一个阳光明媚的日子外出(如果下雨,实验就不起作用了),把一张纸固定在户外的一个地方。
2. 把纸放在那里4到6小时。
3. 仔细收集纸张上的东西。确保你收集的所有东西都被卷在纸的中间。
4. 把磁铁放在纸下面,轻轻地抖动纸张。没有被磁铁吸引的材料就会从纸上掉下来。
5. 收集没有掉落的材料,用放大镜观察。

她做到了!

弗洛伦斯·巴斯康
美国

弗洛伦斯在大学里学习地质学,她从小就对这门学科感兴趣。毕业后她继续求学,攻读了理学研究生。当时,她被要求坐在一个幕布后面,以确保她不会打扰到教室里的男学生!之后,弗洛伦斯成了一名大学教授,还是美国地质调查局聘用的第一位女性。她还培训了许多女性,她们将继续革新女性在科学界的地位。

89 砖头游戏

🧑‍🤝‍🧑 ☀️ ✂️

做成它，然后打碎它！

科学原理是什么？

砖是人类使用的最坚固的建筑材料之一。构成它们的材料可以是黏土、混凝土、页岩或板岩。但真正的砖是通过加热和冷却生黏土制成的。在制作过程中，添加草或稻草等材料有助于将砖黏合在一起，使其更均匀地干燥。

材料：

· 土壤
· 水
· 沙子
· 干叶子或干草
· 稻草
· 冰块托盘
· 笔、纸和胶带
· 锤子

步骤：

1. 将土壤和水混合，然后分别加入不同的"配料"：沙子、干叶子、稻草，制成3种不同类型的泥浆。每种除添加的配料不一样，其他成分保持一致。
2. 将泥浆分别倒入冰块托盘中。在每一块"砖"上贴上所掺物质的标签。
3. 将托盘放在阳光下2～3天。
4. 预测哪块砖最结实。从托盘中取出砖块，并用锤子敲一敲进行测试。

90 生活就是一片海滩

🧑‍🤝‍🧑 🏠 ✂️

生活就是一片海滩，你猜到了吗？这个实验也是如此！

科学原理是什么？

沙子和岩石被波浪推着移动。当潮起时，海水会把岩石拍打在一起，使它们磨损。这种类型的流水侵蚀会产生沙。水和风能冲走或吹动沙子，形成海滩和沙丘。

材料：

· 锤子
· 小岩石和贝壳
· 塑料容器
· 水族馆砾石
· 蓝色食用色素
· 一罐水

步骤：

1. 用锤子轻轻地敲打岩石和贝壳，使它们变成细沙。
2. 把沙子倒进塑料容器里，加入等量的水族馆砾石。
3. 在容器中加入几滴蓝色食用色素。再向容器里倒一些水，水的量应该和沙子的量差不多。
4. 来回摇动容器，演示波浪是如何形成并冲刷沙子的。当你把容器从一边倾斜到另一边时，观察沙子是如何变化的？

91 超级土壤

你准备好把土壤层上的泥土都弄干净了吗?

材料:

· 两种不同颜色的蛋糕
· 巧克力饼干（如奥利奥饼干）碎屑
· 绿色糖果或小点心
· 巧克力味的椒盐脆饼条

步骤:

1. 把一块蛋糕放在另一块上面。底层的蛋糕代表着位于土壤下方的岩基，称为基岩。顶层的蛋糕代表底土，底土中富含黏土以及从上层渗透下来的矿物质。

2. 把碎饼干放在蛋糕上。这代表表土，这一层中有很多富有生命的物质，如细菌和蠕虫。这就是种子发芽和植物根系生长的地方。

3. 在表土上面撒上绿色的糖果和椒盐脆饼。它们代表腐殖质和落叶层，由破碎的植物和其他物质组成。

科学原理是什么?

土壤可能需要 1000 年的时间才能由分解材料和风化岩石形成。科学家通过分析土壤层来识别土壤类型。土壤表层由被分解的物质和腐殖质（分解物与沉积物结合而成的富土）组成。

92 快速搅拌

这个实验可以做得很快，但不是陷阱!

材料:

· 1 杯玉米粉（玉米淀粉）
· 半杯水
· 塑料容器
· 勺子

科学原理是什么?

流沙是沙和水的混合物，是一种自然现象。当水搅动松散的沙子并被困在沙子中时，就会发生这种情况。由此产生的液化泥土不能承受任何重量。流沙不是液体，但它像液体一样流动，失去了它的固有形状。

你知道吗?

流沙通常很浅。

步骤:

1. 将玉米粉（玉米淀粉）和水在容器中混合。

2. 慢慢地、轻轻地搅拌，然后把你的容器倒过来，让溶液流下，这表明它是一种液体。

3. 现在快速搅拌溶液。用勺子的末端戳它，看看它是液态的还是固态的?

93 留下印记

👫 🏠 ✂️

动手做一个属于你自己的化石，让朋友们刮目相看！

材料：

· 1杯咖啡渣
· 半杯冷咖啡
· 1杯面粉
· 半杯盐
· 碗
· 蜡纸
· 贝壳、石头、木棍和硬币等小物件

步骤：

1. 把咖啡渣、冷咖啡、面粉和盐混合在一个碗里。
2. 把你的"面团"放在蜡纸上，揉到开始变软为止。
3. 把你的"化石"压在面团上留下印记，然后把你的化石拿走，将面团静置一夜，待其变干。

科学原理是什么？

古生物学家通过研究恐龙和其他古生物的印记，从而更好地了解它们生活的时间、方式和地点。这些印痕是在一块块变硬并变成石头的泥块中发现的。在过去6500万年中，人们在遭受风化最少的地区发现了最清晰的印痕！

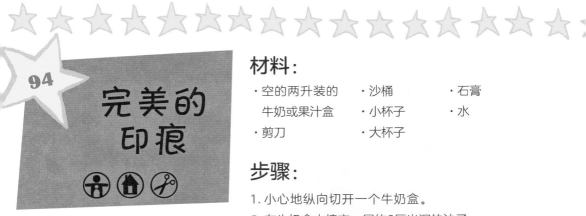

94 完美的印痕

👫 🏠 ✂️

遵循这些简单的步骤，创作一个惊人的足迹！

科学原理是什么？

在沉积岩中经常会发现化石。许多石头都是由埋在沉积物中的动物和植物变成的。沉积物变硬就变成了岩石，而其中的动植物则变成了化石。

材料：

· 空的两升装的牛奶或果汁盒
· 剪刀
· 沙桶
· 小杯子
· 大杯子
· 石膏
· 水

步骤：

1. 小心地纵向切开一个牛奶盒。
2. 在牛奶盒中填充一层约6厘米深的沙子。
3. 将一只脚放在沙子上，小心地向下压，使你的脚印留在沙子上。
4. 往大杯子里倒一杯石膏，再加入半杯水，让混合物静置，直到所有的水都被吸收。石膏模拟的是石化过程中的"泥浆"。
5. 待上一步的液体充分混合后，将其小心地倒入牛奶盒。确保其完全覆盖脚印。
6. 待石膏凝固后，小心地把你的脚印"化石"从沙子中取出，并迅速清理干净。现在，你可以把你的石膏"化石"和原来的脚印做比较了。

95 足迹发现者

跟着这些足迹看看谁或什么潜藏在周围！

科学原理是什么？

脚印是动物或人留下的印痕。在岩石、泥土和雪地中都能找到脚印。科学家们认为人类脚印的长度约占人身高的15%。许多动物的脚印几乎是相同的，因此，区分它们是一个挑战！

材料：

· 小杯子
· 大杯子
· 石膏
· 水

步骤：

1. 去花圃或附近的公园或海滩走走，在土壤或沙滩上寻找脚印。
2. 往大杯子里倒一杯石膏，再加入半杯水，让混合物静置，直到所有的水都被吸收。
3. 小心地把石膏倒进你发现的脚印里，确保完全覆盖足迹。
4. 石膏凝固后，小心地提起你的脚印化石。现在，你就有了你找到的原始足迹的记录了。

你知道吗？

为了研究脚印，科学家们把液体倒入模具中，让液体凝固，从而制造铸件。然后他们把铸件从模具中取出，这样他们就可以研究这些铸件了。

三、园艺才能

环境科学

96 气泡的呼吸

蹲下来，别嫌脏，玩一玩泥巴，你会发现土地在呼吸！

科学原理是什么？

健康的土壤中需要有空气，这样土壤中的有机体才能生存。这些有机体分解植物、死亡的动物，保持土壤健康。蠕虫在土壤中形成小洞，帮助土壤通气。

材料：

·干燥的土壤
·大碗
·冷开水（请成年人帮忙）

步骤：

1. 把土壤放进碗里。
2. 用水覆盖土壤。
3. 看看会发生什么？你注意到水面的气泡了吗？

你知道吗？

土壤中虽然有空气，但是其中的空气含量并不够你呼吸！

---

97 水资源浪费

了解侵蚀作用绝对不是浪费时间！

科学原理是什么？

当水流过土地时，就会侵蚀土地。树根和灌木有助于土壤连接在一起，所以当植被被清理干净后，土壤被侵蚀得更快。水土流失是一个很严重的环境问题。

材料：

·饮用玻璃杯　·两块平整而
·水　　　　　　松散的土壤

步骤：

1. 把杯子装满水。在离地15厘米的地方，把水倒在第一块土壤上。注意发生了什么。
2. 现在再把杯子装满水。将水倒在第二块土壤上，这次从离地30厘米的高度开始。看看水对土壤的影响相同吗？

你知道吗？

美国的大峡谷是由长期的侵蚀造成的，它是水对土地侵蚀作用的一个完美的例子。峡谷的最深处有1800米深！

98 沙丘游戏

水能冲走一座山吗?

科学原理是什么?

城市有绿地或者乡村有密林时,雨水会被土壤吸收,从而被植物利用。如果没有这些植物,雨水更有可能从土壤表面流失,从而侵蚀土地。

你知道吗?

土壤侵蚀是一个全球性的环境问题,世界上80%的农业土地受其影响。侵蚀导致沉积物在水道中堆积,湿地地区的栖息地消失。

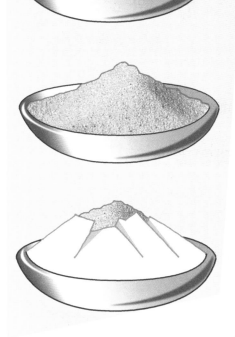

材料:

· 3杯沙子
· 3个盘子或塑料容器
· 泡沫塑料杯
· 铅笔
· 1罐水
· 纸巾

步骤:

1. 在每个盘子中间倒一杯沙。
2. 把两堆沙子做成小山。把另一个盘子里的沙抹平,让它铺满整个盘子。
3. 预测如果雨落下来,每个盘子里的沙子会发生什么。
4. 用铅笔在泡沫塑料杯的底部打一个小孔。将你的手指堵在洞口,然后往杯子里装半杯水。
5. 将杯子放在距离铺平沙子的盘子中心上方约30厘米处。移开堵着洞口的手指,让水流出来。观察发生了什么。
6. 在放着小沙山上的盘子上方重复同样的步骤。观察结果。
7. 用纸巾盖住其中一个小沙山的盘子,这代表土地表面有植物生长。把半杯水倒在铺满纸巾的山上。
8. 思考土地的形状如何影响侵蚀程度?如果山上有纸巾(植被)情况会不一样吗?

99

认真听!

🏠 ✂️

人们都爱听音乐,但是你知道植物也喜欢听音乐吗?

科学原理是什么?

有些人认为某些音乐可以帮助植物生长。科学家们通过收集、记录信息和分析结果来检验这类理论。

材料:

· 3株同种类型且大小差不多的植物
· 两台音乐播放器,如收音机、计算机或CD播放器

步骤:

1. 在播放古典音乐的音乐播放器旁边放一株植物。在播放摇滚音乐的音乐播放器旁放第二株植物。把最后一株植物放在一个安静的地方。
2. 照顾好这些植物,确保它们获得相同的水和阳光,持续两周。确保靠近音乐的植物每天接收到音乐的时间相同。
3. 两周后,比较这3株植物。靠近音乐的植物长得更好吗?不同的音乐对植物的生长起到的作用有什么不同吗?

100

修剪枝叶

👤 🏠 ✂️

不喜欢花的颜色?很简单,给它换颜色!

科学原理是什么?

当你给植物浇水时,水进入土壤。植物的根从土壤中吸取水分,把水分带到植物的茎上。茎中特殊的管子会把水带到叶子和新芽上。

材料:

· 水
· 杯子
· 食用色素(蓝色或红色)
· 康乃馨
· 剪刀

步骤:

1. 在杯子中倒入3/4的水。
2. 往杯子里加入3～5滴食用色素。
3. 修剪康乃馨茎的末端,然后将其放入水中。
4. 把花放在水里5天。看看它的花瓣是怎么变化的。
5. 把花从杯子里拿出来,倒过来,检查一下它的茎的切面。你注意到它的气孔了吗?

101 香味正浓

材料：

- 4杯水
- 带盖子的平底锅
- 两杯花瓣（最好是玫瑰花瓣）
- 汤匙
- 过滤器
- 两个碗
- 大汤匙
- 红色食用色素
- 储存容器（如一个小玻璃瓶）

学习如何从花中提取精油是一门美好的技艺。

科学原理是什么？

有些花（如玫瑰花、薰衣草）的气味很好闻，可以通过蒸馏来收集花瓣中的精油。然而，有些植物中没有可供提取的精油，或者其内部的精油一旦从植物中分离出来就没有那么好闻了！你用鼻子一闻就知道！

步骤：

1. 在平底锅中倒上水，把它放在炉子上。盖上盖子。把水烧开。
2. 把火关掉。取下盖子，把花瓣倒入水中并用勺子搅拌。再次盖上盖子，让其静置几小时。
3. 取下盖子，用过滤器把花瓣捞出，把剩下的溶液倒进大碗里。用大勺子的背面按压花瓣，挤出尽可能多的液体。
4. 在溶液中加一滴红色食用色素，香水就变成粉红色的了，然后把香水倒进瓶子里。

102 美丽的压花

材料：

- 颜色明亮的鲜花
- 纸
- 厚厚的书

花儿不必凋谢，把它们变成艺术品，永远保存！

科学原理是什么？

花的颜色来自花瓣中的色素。类胡萝卜素和花青素是不同种类的色素，它们可以创造出彩虹的所有颜色。花一旦干了，水就不能使其褪色，所以它仍能保持住颜色。

步骤：

1. 确保花的表面没有水。
2. 在书上放一张纸，然后在纸上放些花。确保花与花之间没有相互接触，否则它们不会干透。
3. 在花上再放一张纸，然后在纸上面放一本书。重复此步骤，直到把花用完。
4. 把"压花机"放在不会被撞倒的地方，将其静置至少4周。

103 花园雨量计

雨天也不必悲伤!

科学原理是什么?

雨量计可以帮助科学家确定降雨模式。因为水对所有生物都很重要,所以了解一个地区所获得的水量有助于确定该区域是什么样的生态系统。热带雨林每年的平均降水量高达 1.7 米,但是极地地区温度过低,不能形成液态水,几乎没有降雨。你所在地区的生态系统是什么特征? 记录下这个地区的降雨模式,看看你的量表是否准确。

材料:

· 容量为两升的空塑料瓶
· 剪刀
· 沙子
· 水
· 尺子
· 胶带

步骤:

1. 把瓶口从瓶子上剪下来(请成年人帮忙),放在一边。
2. 把足够多的沙子倒入瓶子里,这样它就能填满底部的凸起,从而形成一个可以测量的水平面。加水,没过沙子,记下此时的水位。
3. 把尺子贴在瓶身上,确保刻度"0"与水位一致。
4. 把剪下来的瓶口倒过来放在瓶子开口处并用胶带固定。
5. 把你的新雨量计放在户外一个开阔的地方,这样它就可以收集雨水了。
6. 随着时间的推移记录降水量,在测下一次雨量之前要清空雨量计。

你知道吗?

有记录的年降水量最多的地区是印度的乞拉朋齐,在 1860 年达到 326 米。

104 关心空气

小心地呵护你的植物,这样我们就能拥有新鲜空气了!

科学原理是什么?

植物需要空气才能生存。植物从空气中吸收二氧化碳,并将其转化为能量,使自己生长。随着植物的生长,植物也释放出人类需要吸入的氧气。植物能帮助动物和人类呼吸到健康的空气。

材料:

· 橡胶手套
· 两棵幼苗
· 两个带盖子的罐子
· 土壤
· 水

步骤:

1. 戴上橡胶手套,把幼苗种在两个罐子里,确保根系被土壤覆盖。轻轻地给它们浇水。
2. 给其中一棵幼苗加更多的土,并盖上盖子。另一个罐子不盖盖子。
3. 把两个罐子放在一个阳光充足的地方几天,观察发生了什么?

变绿啦!

没有时间养宠物？那就在瓶子里养一棵绿植吧！

科学原理是什么？

太阳会把你的温室加热。因为温室是密封的，所以即使外面的空气冷却了，温室里面的空气也会保持一定的热度。温室内的暖空气可以容纳更多的水分，当水分凝结在温室凉爽的"屋顶"上后，它们就会落到你的植物上，帮助它们生长。

材料：

· 洗净的带盖子的透明塑料瓶
· 剪刀
· 土壤
· 小幼苗
· 大的宽胶带
· 水

你知道吗？

温室一定要暖和，但不能太热，否则植物会被蒸熟的！同样，尽管温室一定要潮湿，但不能太潮湿，否则会引起植物发生疾病。

步骤：

1. 把瓶子剪成两半（请成年人帮忙）。

2. 在瓶子底部装一半土。确保土壤是稍微湿润的。实验过程中若土壤变干，要及时浇水。

3. 把幼苗种在土壤里，确保土壤盖住幼苗的根。

4. 用胶带将瓶子的上半部分粘回下半部分，确保瓶子不漏气。

5. 在瓶子里滴几滴水，然后盖上盖子。把你的小温室放在阳光充足的窗台附近。（避免放在特别干燥或者阳光特别充足的地方，如果没办法避免，要时刻监测小温室的湿度，必要时要加少量水。）

106 热腾腾

哪一个冷冰冰的罐子会变得热气腾腾？

科学原理是什么？

地球的大气层像温室一样工作。当太阳的热量到达地球时，只有一部分热量会"逃逸"回太空，其余的都被地球大气层困住了。地球的大气层就像一个由温室气体组成的毯子。塑料袋的作用就像地球的大气层，把热量收集起来。

材料：

- 量杯
- 冷水
- 两个相同的玻璃罐
- 12颗冰块
- 塑料袋
- 温度计

步骤：

1. 在每个罐子里倒入两杯冷水，然后在每个罐子里放入6颗冰块。
2. 把其中一个罐子封在塑料袋里，然后把两个罐子都放在室外阳光直射的地方。
3. 1小时后，测量每个罐子中水的温度。

107 眼见为实！

谁是最好的回收者？当然是大自然母亲啦！

科学原理是什么？

有些植物会结出种子，它们将种子散布在其生活的环境中繁衍。种子落在好的土壤中时，会生出新的根和芽。有些植物也有"芽"，这种芽可以长成新的植物。土豆的芽就长在其"眼部"（芽眼）。

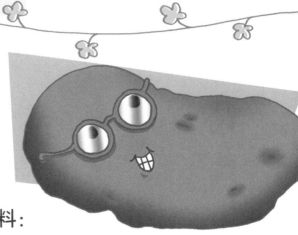

材料：

- 发芽的白土豆
- 小刀
- 罐子
- 湿润的土壤
- 水

步骤：

1. 从土豆上切下一块2.5厘米的土豆块，确保土豆块上有一个芽眼。
2. 在罐子里加入湿润的土壤，填充大约5厘米深。
3. 把土豆块种在土壤里。
4. 保持土壤湿润，观察土豆的生长！

惊呆了！

谁能想到植物也有方向感！

科学原理是什么？

　　有些植物实际上是朝着太阳生长的，一天当中，它们会朝着太阳移动的方向移动，这就是向日性。向日葵就是典型的代表；向日葵的花盘随着地球每天的转动而从东到西地转动。

你知道吗？

　　一棵向日葵能长到6米多高！

材料：

- 干豆子
- 土壤
- 小壶
- 水
- 带隔板和盖子的大纸箱
- 切盒器
- 强力胶带

步骤：

1. 把你的豆子种在小壶中的土壤里，给土壤浇水。
2. 把箱子的一边放在地上，并在箱子的顶部剪出一个洞（向成年人寻求帮助）。在箱子的隔板上开边长5~8厘米的孔，给植物的生长创造一条通道。
3. 把你的植物放在箱子的底部，并给箱子盖上盖子。
4. 用强力胶带粘住箱子所有的裂缝。
5. 把箱子放在阳光充足的地方，每隔几天打开一次，并给植物浇水。你的植物要多长时间才能从顶部穿出箱子？

109 旧旧的霉菌

霉菌也不总是丑陋的，至少当它是一个霉菌彩虹时不丑！

科学原理是什么？

许多真菌是分解者。分解者是大自然的回收者，因为它们把死去的植物和动物回收到健康的土壤中。在这个实验中，你可以看到霉菌是如何分解食物的。

材料：

· 食物残渣（如面包、蔬菜、水果、奶酪的，不要使用肉类残渣）
· 刀
· 砧板
· 水
· 透明的带盖子的一次性塑料容器
· 胶带

步骤：

1. 把食物切成边长为2.5厘米的小块，然后把每一块浸入水中。
2. 把食物放在彩虹形状的容器里。确保这些食物残渣相互接触，但不要把它们叠在一起。
3. 把盖子盖紧，用胶带封住容器。把容器放在没有人会碰倒或吃掉其中的食物的地方。
4. 每天观察食物。几天后，你将开始看到许多不同颜色的霉菌。小心！不要打开容器——很多人对霉菌过敏。

---

110 堆肥女王

研究气味的科学实验是非常酷的，但是也许你想盖上盖子！

科学原理是什么？

蚯蚓帮助分解有机物质，如食物残渣等。它们吃了这种物质后，会产生特殊的排泄物，被称为蚯蚓粪。蚯蚓粪含有丰富的营养物质，使我们的土壤保持健康。

材料：

· 带盖子的大型深色塑料桶，要求桶的盖子和底部都有孔
· 稍湿润的旧报纸
· 稻草、锯末、碎树叶
· 水
· 蚯蚓
· 食物残渣（如水果、蔬菜和面包的，不要使用肉类、乳制品或鸡蛋的残渣）

步骤：

1. 把桶直接放在花园的地上。在桶内填满旧报纸、稻草、锯末和碎树叶。让这些混合物保持湿润，如果需要，可以加一点水。这样桶就成了一个堆肥箱。
2. 把蚯蚓放在堆肥箱里，然后加入食物残渣。
3. 确保堆肥是稍微湿润的，但不要太湿。观察1个月，你会看到桶的底部形成了一层新的薄薄的土层。几个月后，你会看到长出了一层层的新的土壤。注意，当蚯蚓吃了旧报纸后，需要继续加入旧报纸的碎屑。

81

111 我来染色!

用几株植物来让你旧的白色T恤焕然一新吧！

科学原理是什么?

花朵五颜六色的色素，如类胡萝卜素和花青素，可用于其他植物纤维（如棉花等材料）的染色。

材料:

· 植物材料（如蔬菜、水果、花瓣、草、树叶等）
· 刀
· 汤匙
· 水
· 量杯
· 平底锅
· 明矾
· 筛子
· T恤

你知道吗?

很多常用的植物都可以用来染色，植物及其染色的颜色：甜菜/甜菜根——红色、胡萝卜——黄色、草——绿色、树莓——粉色、咖啡——棕色。

步骤:

1. 把植物材料切碎，然后放进平底锅浸泡一晚。
2. 将浸湿的植物材料用文火煮约1小时，必要时加水（向成年人寻求帮助）。
3. 用筛子把染料过滤到量杯中冷却。每945毫升染料加1汤匙明矾。
4. 用普通清洁剂清洗你的T恤（不要使用织物柔顺剂）。
5. 把湿的T恤和染料一起放在平底锅里，然后用文火煨（请成年人帮忙）。
6. 当衣服看起来比你想要的颜色深一点儿时，停止加热，把平底锅放进水槽，倒掉染料。
7. 在衣服上浇冷水，使衣服冷却并冲洗干净。
8. 把衣服拧干，挂起来晾干。

112 树皮印记

你越长大越高，而树木越长大越粗！

科学原理是什么？

每年，每棵树都会长出一个环——一圈新的木头，这叫作形成层。这些年轮告诉我们这棵树的年龄，也告诉我们它的历史。粗粗的年轮表明当时雨量充沛，细细的年轮通常表示着干旱。

材料：

· 大线团
· 胶带
· 剪刀和卷尺
· 铅笔和纸

步骤：

1. 在后院或公园里找棵大树。
2. 用胶带把绳子的一端粘在树上，然后把绳子缠绕树干一圈，在绳子重合的点将其剪断。
3. 测量你的绳子，以得到树围。把这个数据记录在你的纸上。
4. 尽可能多地找到更多的树并重复以上步骤。
5. 测量看看哪棵树树围的绳子最长。大多数时候，那棵树围最长的树就是最古老的树。

113 象限测试

快来近距离接触你自家院子里的植物吧！

科学原理是什么？

即使是在很小的范围内，不同区域的土地在许多方面也可能不同，土壤、水分、受到的光照和酸度都只是这些差异的一小部分。这些微小的差异创造了不同的微环境。你在自家后院能看到多少差异？

材料：

· 米尺
· 小棍
· 线
· 剪刀
· 放大镜
· 笔记本
· 铅笔

步骤：

1. 在你家的后院或公园里，量出一个以尺子长度为边长的正方形。在正方形的每个角上插一根棍子作为标记。
2. 把绳子绕过每根木棍，形成一个正方形区域。透过放大镜观察地面，在笔记本上记录下你所看到的，例如植物的种类、土壤的湿度以及任何你看到的昆虫。
3. 在院子或公园的另一个地方再标记一个正方形区域，并记录下你所看到的。这两个正方形内的植物种类可能会有所不同，这取决于它们接收到的光照、风和水量以及生活在其附近的动物等因素。

114 绿色机器

吃沙拉不仅很健康，还很机智！

材料：

· 不同类型的食用菜叶（如菠菜、生菜、豆瓣菜）
· 放大镜

步骤：

1. 用放大镜检查每片菜叶。你可以看到每片叶子上都有细小的线条。这些是通过叶片输送水分的叶静脉。
2. 把菜叶撕成小块，混在一起。
3. 晚上吃沙拉吧！

科学原理是什么？

这是水果和蔬菜界的一个一般原则：颜色越深，它就越健康，因为颜色深的水果和蔬菜含有更多的营养物质。深绿色多叶蔬菜富含维生素、矿物质和抗氧化剂。绿叶蔬菜中的两种重要营养素是铁和纤维，微量营养素中也含有对身体有益的小化学物质。甘薯和花椰菜含有大量的纤维、维生素 C 和钾，许多浆果富含抗氧化剂。

115 爆米花，停下来！

不要爆玉米，试着种玉米！

材料：

· 尘土
· 塑料拉链袋
· 水
· 玉米

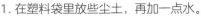

科学原理是什么？

种子富含幼苗在发芽时会用到的能量。因为种子通常生长在地下，所以它不能利用光照来促生出它的初根和初芽。一旦叶子和嫩芽破土而出暴露在阳光下，植物就开始利用光合作用来生长了。

步骤：

1. 在塑料袋里放些尘土，再加一点水。
2. 在袋子里放几粒玉米，封好。
3. 把袋子放在阳光充足的窗台上。
4. 1个星期后再检查。你看到种子有任何生长了吗？

116

纸浆

纸很硬，它可以被反复使用！

科学原理是什么？

木材纤维经过粉碎、浸泡和干燥可以制成纸。当纸浸在水里时，纤维又分开了，当纤维变干时，它们又粘在一起了！

你知道吗？

纸的回收利用对地球意义重大，回收用纸使更少的树木被砍伐，有助于节约资源，减少浪费。

材料：

· 几张纸
· 平底锅
· 水
· 叉子
· 碗
· 勺子
· 湿布
· 筛子

步骤：

1. 把纸撕成小块，放进平底锅里。将水倒入平底锅，倒满半个平底锅。
2. 将纸浸泡一夜。如果早上所有的水都被纸吸收了，可以再加一点水。
3. 用叉子把纸捣碎成浆。
4. 将碗装一半水，然后加入两勺纸浆，搅拌。
5. 在碗旁边放一块湿布。
6. 用筛子把纸浆从碗里捞出来。把筛子放在碗上，沥干纸浆的水分。
7. 把纸浆倒在湿布上，摇动筛子使纸浆分散开。
8. 将纸浆均匀地压在布上，然后晾干。

家园
——不那么美好的家园

材料：

- 橡胶手套
- 堆肥箱里腐烂的树叶
- 塑料漏斗
- 透明的大罐子
- 铝箔
- 台灯
- 放大镜

这个实验给了"逃生"这个词一个全新的意义！

科学原理是什么？

有机物质，如腐烂的树叶，是小型生物的理想家园，它们以树叶为食，也能帮助分解树叶。在这个实验中，你可以利用灯发出的热量，把躲起来的虫子吸引过来。当虫子远离热源时，它们会从漏斗掉到罐子里，这样你就可以观察罐子里的虫子。

步骤：

1. 在进行实验之前先戴上橡胶手套，没戴手套时不要接触树叶。
2. 把漏斗放在罐子上面，把腐烂的叶子松散地放在漏斗里。
3. 用铝箔盖住罐子。确保整个罐子都被盖住，遮住所有的光线。
4. 用台灯直接照罐子，然后离开1小时。
5. 1小时后，用放大镜观察罐子里的东西。

她做到了！

玛丽·阿佩尔霍夫

生物学家、曾是高中老师的"蠕虫女王"玛丽·阿佩尔霍夫（Mary Appelhof）相信成吨的蠕虫会吃掉成吨的"垃圾"。1972年，玛丽用一台旧的油印机制作了一本小册子，解释了蠕虫如何帮助减少浪费。这是她第一次尝试与他人分享她的想法。玛丽是世界上最早的"废物规划者"之一，在蠕虫堆肥领域是一位真正的有远见的人。玛丽也设计了一个"蠕虫箱"，叫作Worm-a-way，这个箱子是由回收塑料制成的，有着复杂的通风系统。

118 超级风速计

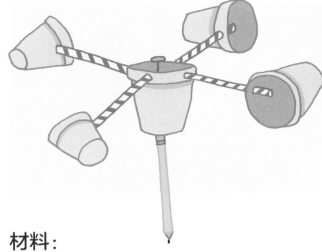

记得在下一个起风的日子做这个实验!

科学原理是什么?

风速计用来测量风速。它旋转得越快,表明风速越大。风速对气象学家非常重要,他们利用这些信息来测量飓风的强度并预测天气。

你知道吗?

萨菲尔 – 辛普森等级是用来表示飓风强度的。当风速达到 120 千米 / 小时时,飓风等级为一级。当风速达到 250 千米 / 小时时,表明这是五级飓风——最强飓风!

材料:

- 5个纸杯
- 打孔器
- 两根塑料吸管
- 订书机
- 别针
- 带橡皮擦头的铅笔

步骤:

1. 取一个纸杯,在纸杯上距杯口大约0.5厘米处均匀地打4个孔。再在底部中心打一个孔。

2. 在其余4个杯子上距杯口1.5厘米处打1个孔。

3. 将吸管插入其中一个单孔杯的小孔中,然后折叠吸管的末端,将其钉在杯子的内侧。

4. 另取一个单孔杯,重复步骤3。

5. 把这两个杯子连接到4孔杯子上,将单孔杯上吸管的另一端穿过4孔杯上两个相对的孔,这样两根吸管就在中间交叉了。

6. 将另外两个单孔杯连接到吸管的末端。确保所有的单孔杯都在4孔杯的周围,并且杯口朝向同一个方向。

7. 吸管在杯子中心交叉,将别针穿过吸管,固定它们。

8. 先将铅笔上有橡皮的一端从中间的杯子的底部小孔处推进去。

9. 将针的另一头插在铅笔的橡皮上,这样你就做成了一个风速计!

步枪气压计！

看看这根管子，你很快就能预测天气了！

科学原理是什么？

气压计用来测量气压。气压随天气变化而变化。当气压降低时，说明空气密度降低。这意味着一个较热的低压气团已经移到你所在区域的上空。这个系统通常随着热空气的上升而迅速变化。高压意味着在你所在区域的上方有一个稠密的、较冷的空气团。气压变化常常表明有风或暴风雨的天气要到来。

你知道吗？

气象学家可以从蟋蟀身上学到很多东西！有些人说计算出蟋蟀15秒发出唧啾声的次数，再加上37，得到的数字就是以华氏度为单位的当下的温度！

材料：

- 气球
- 塑料吸管
- 剪刀
- 胶带
- 玻璃瓶
- 一张纸
- 橡皮筋
- 铅笔

步骤：

1. 吹一个气球，然后再放一点儿空气出来，每次放一点儿，重复几次。这样气球会略微可拉伸一些。
2. 把气球剪成两半，然后把带着气球嘴儿的那一半扔掉。
3. 把剩下的一半套在玻璃瓶上，并用橡皮筋将其固定。
4. 将吸管放在瓶子上，使其大约1/4留在瓶子上。用胶带将吸管固定在适当的位置（不要太紧，它需要能够上下移动）。
5. 在墙上贴一张纸，把瓶子放在纸前面。
6. 在纸上标出吸管指示的高度。
7. 把瓶子放回原处，每天都要标记吸管的高度。在每个标记旁写下日期和当天的天气状况。

120 温度测量仪

快来做你自己的天气预报！

科学原理是什么？

科学家使用许多不同的仪器来记录和预测天气模式。他们可能看到温度下降、气压上升、风压计旋转，这可能表明冷空气正在进入该地区。科学家们还可能看到气温上升、气压变化、风速加快，有时这表明暴风雨即将来临。

材料：

- 雨量计（见实验 103）
- 风速计（见实验 118）
- 空牛奶箱
- 温度计
- 麻绳
- 气压计（见实验 119）
- 纸和笔

步骤：

1. 把雨量计和风速计放在你住的地方附近的空地上（阳台是理想的位置）。也可以把它们粘在牛奶箱上。
2. 用麻绳把温度计系在牛奶箱的内侧。
3. 把气压计也放在牛奶箱里面。
4. 制作一张图表，其中可以有这几栏：日期、时间、温度、降雨量、风速、气压计读数和观测值（如云量）。并为天气预测留出一栏。
5. 观察天气两周。你注意到了什么样的天气模式？你的天气预报准确吗？

121 龙卷风陷阱

龙卷风非常可怕，除非你能控制住它！

科学原理是什么？

龙卷风始于地面附近潮湿的空气团，这些空气团水平旋转着。如果出现快速冷锋或者冷空气团，它们会把湿热的空气拉上来。这股空气上升，开始在顶部形成雷雨云；在冷暖空气之间形成的风迅速上升，形成一个"漏斗"，就像瓶子里旋转的水一样。覆盖龙卷风顶部的巨大云团被称为砧状云。

材料：

- 两个两升的塑料瓶
- 水
- 强力胶带

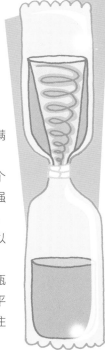

步骤：

1. 把水倒进其中一个瓶子里，装满瓶子的2/3。
2. 把另一个瓶子倒过来放在第一个瓶子上，让两个瓶嘴相对。用强力胶带把两个瓶子固定在一起。确保瓶口对紧，用胶带粘好，以免水溢出！
3. 把瓶子翻过来，让有水的那个瓶子在上面。开始以圆周运动水平旋转瓶子。当你旋转瓶子时，注意观察"龙卷风"的形状！

122

喷出河流

🧍 🏠 ☀️ ✂️

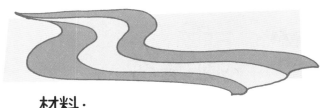

创造你自己的彩色河流！

科学原理是什么？

　　水也许是柔软的，但它也可能变得非常强大。想想海洋里的水是如何蒸发的，雨点落在山丘上也是同样地蒸发了。当它沿着地表流回大海时，流动的水侵蚀着陆地，促使河床和湖泊的形成。

材料：

- A4纸
- A4卡纸（纸板）
- 喷壶
- 胶带
- 水
- 食用色素

步骤：

1. 轻轻地把纸揉皱。
2. 把纸展开，用胶带把它贴在离纸板边缘2.5厘米的地方，这样它就形成了一个多山的区域。
3. 在喷壶里放些水，向其中加入食物色素。
4. 现在把水喷在纸上。你能看到纸上形成的"河流"吗？再用力喷一点。

123

混合一下

🧍 🏠 ✂️

你是否曾想住在海边？现在做一个你自己的海洋！

科学原理是什么？

　　水和油不能混合，因为水比油的密度大。当罐中的水移动时，它会推动罐中的油形成波浪状。因为油浮于水面，当海洋中发生石油泄漏时，石油会扩散在水面广阔的区域，对涉水鸟类和海洋哺乳动物造成巨大的伤害。

材料：

- 罐子
- 水
- 食用色素
- 闪粉/亮片
- 婴儿油
- 小的漂浮玩具

步骤：

1. 在罐子中装一半水。
2. 加入一些食用色素和闪粉/亮片。加入婴儿油，直到装满罐子的3/4。
3. 把一个漂浮玩具放在油上面，然后盖上罐子的盖子。
4. 来回摇动罐子，观察发生了什么。

可爱的分层

124

谁能想到你竟然用糖、水和食用色素做出了一道彩虹!

科学原理是什么?

本实验制备的糖溶液浓度不同。最密集的溶液位于容器底部,最不密集的溶液位于顶部。密度是每单位体积所含物质的质量。当你在湖、河或海中游泳时,你会感觉到水的密度的不同。冷水的密度更大,当你在水里潜得更深的时候,你会感觉到这一点。

你知道吗?

糖溶液通常是可以混溶的,意思是可混合的。最终,你在这个实验中创造的彩虹杯中的颜色会互相混合。

材料:

· 大汤匙
· 糖
· 5个杯子
· 水
· 红色、黄色、绿色和蓝色食用色素

步骤:

1. 在第一个杯子里放入一大勺糖。
2. 在第二个杯子里放入两大勺糖。
3. 在第三个杯子里放入三大勺糖。
4. 在第四个杯子里放入四大勺糖。
5. 在每个杯子里放入三大勺水并搅拌。
6. 在第一杯中加入三滴红色食用色素。
7. 在第二个杯子里加入三滴黄色食用色素。
8. 在第三个玻璃杯中加入三滴绿色食用色素。
9. 在第四个杯子里加入三滴蓝色食用色素。
10. 取第五个玻璃杯,将蓝色溶液装满杯子的1/4。
11. 慢慢地,轻轻地用勺子把一些绿色溶液放在蓝色的上面,直到装满杯子的一半。
12. 再向玻璃杯中加入1/4杯的黄色溶液。
13. 最后,向玻璃杯里倒入一些红色溶液。

125 风的方向

风向袋同时具有装饰性和功能性。

科学原理是什么?

当不同的空气团改变温度或压力时,风也会改变速度和方向。冷空气置换了较热的空气,因此风加快了速度。地球的旋转影响来自极地和热带地区的气团,使气流在海洋、山脉和平原上有规律地运动。气象学家可以循着这些规律预测它们。

你知道吗?

几百年前日本人首次使用风向袋。后来他们在"男孩节"(这是一个为男孩子庆祝的节日)上让风向袋飞扬在空中。今天,日本人庆祝"儿童节",这是一个男孩、女孩都过的节日!

材料:

- 建筑用纸
- 装饰品(贴纸、胶水、记号笔、闪光笔等)
- 胶带
- 剪刀
- 纸巾
- 胶水
- 打孔器
- 绳子
- 指南针

步骤:

1. 用贴纸、胶水、记号笔、闪光笔等装饰纸的一面。
2. 把纸从一端卷到另一端,做成圆锥形,使被装饰的一面朝外。用胶带把纸的两端粘在一起。不要把末端弄得太窄,否则在下一步中很难贴上纸带。
3. 把纸巾撕成长条。把它们粘到"风向袋"的底部。
4. 在"风向袋"顶部的一侧打一个孔,然后在对称的另一侧也打一个孔。
5. 将绳子穿过两个孔并打成结。
6. 把你的"风向袋"挂在外面,观察纸巾飘动的方向。再用指南针来确定风向。

126 完美的纸风车

用纸风车装饰你的院子，邻居们看着也开心！

科学原理是什么？

风车上的叶片需要足够宽，以捕捉你的呼吸或风的运动，并增加推动叶片的力。然而，风力涡轮机因为暴露在风速极快的风中，因此，它的叶片可能更薄、更稀疏。在风力涡轮机中，电磁铁将风携带的机械能转换成电能。

材料：

- 方格纸（长、宽均为23厘米）
- 笔
- 打孔器
- 剪刀
- 别针
- 带橡皮头的铅笔

步骤：

1. 在纸上，分别从它的一个角到对角画一条线，形成一个大"×"。
2. 在"×"的中心打一个孔。
3. 沿"×"的两条线剪纸张，在剪刀距离中心的孔还有约2.5厘米时停下。
4. 取纸的4块的左上角，小心地将每个角向纸张中心的孔弯曲。
5. 用别针将这些角固定在中心点。
6. 把铅笔平放在桌子上，然后把固定在中心的别针的另一端插进橡皮擦的侧面。
7. 把你的小风车"种"在花园里，看着它旋转！

127 风之勇士

你觉得风在吹着什么？

科学原理是什么？

风会帮助散布对各个生态系统来说都很重要的东西：种子、孢子、树叶、沉积物——任何你能想到的东西！风帮助植物播种，使新植物可以在不同的地方生长。有时这种新物种对当地的环境有益，有时则不然。随风传播的真菌孢子对森林的地面非常有益，但对你的家则不是那么有益！

材料：

- 一次性塑料容器盖
- 剪刀/打孔器
- 绳子
- 凡士林

步骤：

1. 在每个塑料盖子的边缘打一个洞。
2. 用绳子穿过每个孔。在孔的一端打个结，这样绳子就不会从洞中滑出来。在另一端系一个圈，这样你就可以把盖子挂起来了。
3. 将凡士林涂抹在每个盖子的上面。把盖子挂在外面不同的地方。
4. 几小时后看看你的盖子收集到了什么？

128 踏浪

材料：
· 塑料容器
· 水
· 木槌

步骤：

1. 将容器放在桌上，把容器装一半水。
2. 用木槌敲击桌子前面的边缘。这将产生一个"主波"。
3. 现在敲击桌面。这将产生"表面波"。
4. 接下来，敲击桌子的侧面。这将产生"二次波"。

了解地震是如何使地面移动的！

科学原理是什么？

想象一块石头被扔进水里后，水面上向外移动的水波很像地震引起的冲击波。冲击波的类型和影响各不相同。地震引起3种冲击波。主波（P波）运动得最快，它能穿过所及之处的一切——所有的气体、液体和固体。二次波（S波）稍慢，只能通过固体。表面波（L波）沿地球表面传播，它们给人们造成的损失最大。

129 节约用水

材料：
· 家庭水费单的复印件
· 用作提醒标志的纸和标记条

步骤：

1. 检查一下水费账单，看看你家用了多少水，然后想想你能不能减少用水量。
2. 确保你的淋浴喷头是节水型的。让你家里的每个人淋浴时都快一点。
3. 洗衣机和洗碗机装满后才使用。
4. 洗水果和蔬菜的水可以用来浇植物。
5. 每天给每个人分配一个水杯，减少盘子的使用量。
6. 确保每个人在刷牙时都关上水龙头。
7. 检查下次的水费单，你家用的水变少了吗？

减少水的使用，别再浪费水！

科学原理是什么？

你知道地球表面的72%被水覆盖着吗？这是一个令人难以置信的事实，但有点"骗人"。因为这些水中有97%是盐水，不能饮用；在剩下的3%中，几乎有70%被冻结在冰川和冰盖中，甚至更多被封存在地下水、湿地和其他地方；只有1%的淡水可供人类使用。这1%的水通过降雨和蒸发不断地循环。我们必须特别关心水资源，因为它是有限的。

130 纸巾测试

深吸一口气，空气闻起来是干净的吗？

材料：

· 湿纸巾
· 空罐子
· 橡皮筋
· 放大镜

步骤：

1. 在罐子的顶部放一张湿纸巾。并用橡皮筋将其固定。
2. 把罐子放在户外一天。
3. 把罐子拿回来。用放大镜检查纸巾。你看到什么了？你可能会发现一些自然的东西，比如花粉。你也可能会发现人造物品，如煤烟颗粒。

科学原理是什么？

空气污染是一个大问题，空气污染是由空气中的颗粒物造成的，这些颗粒物会破坏土壤，溶解在水中，也会危害人类健康。科学家们以"百万分之一"来计算空气颗粒或微粒物质。即使是少量的污染也会造成危害，这就是为什么要使用如此精确的测量方法和微小的单位！小颗粒来自汽车排放、工厂排放、火灾、制造化学品、燃烧煤炭等。一个成人平均每天呼吸超过 11 356 升的空气，因此净化空气对每个人都很重要。

131 污染巡查

失去了弹性？可能是污染导致的！

材料：

· 两个金属衣架
· 8根橡皮筋
· 塑料袋
· 胶带
· 放大镜

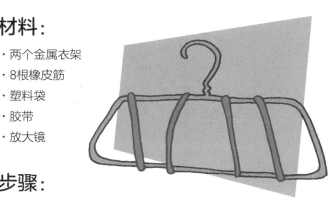

步骤：

1. 将每个衣架弯曲成一个矩形。
2. 在每个矩形上套上4根橡皮筋，把皮筋拉紧。
3. 把其中一个衣架长方形挂在外面阴凉的地方。
4. 将另一个衣架放在塑料袋内。用胶带把袋子紧紧地封上，然后把密封的袋子放在抽屉里。
5. 1周后检查橡皮筋伸展的程度。
6. 每周检查1次。如果你生活在一个受了污染的地方，几周后留在外面的橡皮筋就会断裂。然而，在干净的空气中，它们保持完好的时间更长。

科学原理是什么？

空气中的臭氧和酸等污染物会导致橡胶降解或失去弹性。橡胶分子的形状像很长的链子。污染物会让这些链条产生裂缝，导致链条断裂。

132 雨之痛

雨啊，雨啊，请走开，改天再来吧！酸雨就别来了！

科学原理是什么？

当一些产品（如纸）被制造出来时，就会释放一些气体到空气中。这些气体会溶解在雨中。含有这些污染物的雨被称为酸雨。即使是轻微的酸雨也能分解岩石，向土壤中添加酸，导致海洋酸化。这给许多生物带来了很多问题。

材料：

- 醋
- 3个相同的罐子
- 水
- 标签和胶带
- 3株相同的植物

步骤：

1. 把醋倒在一个罐子里，装满1/4。然后在罐内装满水。在这个罐子上贴上"低酸"的标签。
2. 在第二个罐子中装一半的醋，然后在罐内装水。在这个罐子上贴上"高酸"的标签。
3. 将第三个罐子装满水。在这个罐子上贴上"水"的标签。在每个罐子旁边放一株植物。
4. 在几个星期中，用植物旁边的罐子里的溶液浇灌它们。植物怎么样了？

133 矿物质的呼救！

了解有毒的电子产品，帮帮地球！

科学原理是什么？

有些电子产品含有有毒金属和矿物质。当电子垃圾进入垃圾填埋场时，这些物质会渗出并危害环境。其实这些物品中的有些金属和矿物，如铅、镉、铝、铜和金，是可以回收和循环利用的。

材料：

- 能够联网的电脑
- 海报板
- 记号笔
- 有电子产品图片的杂志
- 和装饰品
- 纸板箱
- 剪刀和胶水

步骤：

1. 上网看看谁在收集你所在地区的电子垃圾。
2. 制作一张海报，说明什么是电子垃圾，将这些知识教给你的家人和朋友！海报还要包括有关回收金属和有毒的铅及其他计算机部件的信息。
3. 设计一个存放旧手机、照相机和小电器的箱子。把这个箱子装饰一下，并做一个标识来解释它的用途。
4. 把你的箱子放在显眼的地方，比如回收中心附近或者就在家门口。如果你的学校能参与一个回收项目，学校可以通过收集旧手机并把它们卖给收废品的人来筹集资金。

134 野外的湿地

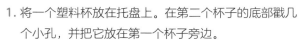

湿地有各种各样神奇的功能，快来了解它是怎样的神奇！

科学原理是什么？

湿地是独特的沼泽环境。一个有湿地的生态系统下雨时，湿地地形会减缓水流，并将雨水流入河流或溪流周围的低洼地区。沉积物和植物能够在水流回河里之前过滤它，为野生动物提供健康的水。

材料：

· 3个塑料杯
· 扁平托盘
· 两罐水/两壶水
· 一把砾石或小石头
· 50 毫升咖啡

步骤：

1. 将一个塑料杯放在托盘上。在第二个杯子的底部戳几个小孔，并把它放在第一个杯子旁边。
2. 和一个朋友一起，把水倒进两个杯子里，直到水溢出来。看看每个杯子里的水是如何流出的。
3. 在第三个杯子的底部戳几个小孔，用砾石填充，也放在托盘上。在罐子里倒入两杯水和咖啡，混合搅拌。
4. 慢慢地把上一步的咖啡混合物倒在砾石上。观察从杯里流到托盘上的水，它的颜色变了吗？

---

135 阳光果汁

谁不想要满满一罐子的阳光呢？

科学原理是什么？

太阳能电池板将太阳能转化为电能。电能可以储存在电池中，以便日后使用。

你知道吗？

国际空间站是利用太阳能电池板发电的。

材料：

· 报纸
· 强力胶带
· 玻璃果冻（果酱）罐子
· 玻璃结霜喷雾
· 太阳能花园灯
· 热胶枪

步骤：

1. 把报纸和胶带裹在罐子的外面。
2. 在罐子中喷一层薄薄的结霜喷雾。
3. 请一个成年人帮你把太阳能部件从灯中分离出来。
4. 让一个成年人帮你用热胶枪把太阳能部件安装到罐子盖的内侧。
5. 把报纸从罐子上拿下来。
6. 把你的罐子放在阳光底下看一看，它发光啦！

136 阳光零食

利用太阳的能量，享受一次烤点心！

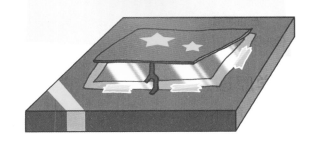

科学原理是什么？

太阳炉的工作原理是使用反射镜、铝箔收集并集中太阳的光线将物体加热。

材料：

- 大的笔记本纸张
- 空的比萨盒子
- 记号笔
- 剪刀
- 胶带
- 铝箔
- 黑色的硬纸板
- 塑料包装
- 你想加热的零食
- 小棍子

步骤：

1. 把笔记本的纸张放在比萨盒盖子的中间，并画出纸的轮廓。
2. 沿着纸的轮廓的三条边将比萨盒剪开，然后沿着第四条边折叠盒子，形成一个倾斜的纸板。
3. 用胶带将一片铝箔粘在斜板的内侧。
4. 打开盒子，在底部放入硬纸板。
5. 剪两片比斜板开口长2.5厘米的塑料薄膜。
6. 用胶带将一块塑料薄膜粘在斜板开口内侧，另一块粘在斜板开口外侧。
7. 把零食放在盒子的中央，盖上盒子的盖子，然后打开斜纸板。把盒子放在阳光下直射，用棍子撑住斜纸板。
8. 等待30分钟，然后检查你的零食。它变热了吗？

你知道吗？

科学家可以通过聚集太阳光使其能量放大 60 000 倍！

137 泄漏救援

石油泄漏后的清理是一项艰巨但重要的工作！

科学原理是什么？

石油不与水混合，而是会散开，分散成许多部分，很难去除。本实验中使用的物品非常类似于真正的溢油回收工具。这根绳子就像一根用来阻止石油扩散的"吊杆"。吸管就像一个"真空吸尘器"，吸油防止其扩散。勺子就像用来从表面收集油的大型机械勺。稻草和草有时也用来吸收油。科学家还利用细菌、化学分散剂和机器来收集泄漏的石油。

材料：

- 100 毫升植物油
- 在浅碗中倒入 1 500 毫升水
- 勺子
- 塑料吸管
- 一把干稻草
- 10 厘米长的绳子

步骤：

1. 把油倒入水中。
2. 用你的工具重新收集油。测量你能收集多少。

138 水热了

太阳能是热能！

科学原理是什么？

当阳光照射到物体的表面时，太阳能会转化为热能。黑色托盘是不透明的，可以吸收热量，因为黑色材料可以吸收所有频率的光。而透明的塑料允许一些光通过，也反射少量的光。因此，它不会吸收那么多的热量。

材料：

- 冷水
- 烤盘（如果不是黑色的烤盘，就在上面盖一层黑色的塑料）
- 温度计
- 透明塑料板

步骤：

1. 将冷水倒入烤盘，水深为0.5厘米。
2. 用温度计测量水温。
3. 将塑料板放在烤盘上，将整个装置放在阳光直射1小时。
4. 从烤盘上取走塑料板，测量水温，它是如何变化的？

139 屋顶反射装置

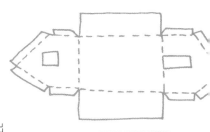

屋顶的颜色可能会使你的房子变热!

科学原理是什么?

有些颜色反射光,有些颜色吸收光。例如,地球上有很多冰的地方,大多是白色的,这些地方就会反射光线使气候保持凉爽。较暗的地方,如被土壤覆盖的地面,就会吸收光线,也就收集了热量。"反照率"是指地面反射了多少阳光。

材料:

· 两张白色硬纸板
· 两张黑色硬纸板
· 两个温度计
· 1个计时器

步骤:

1. 以本页插图为指导,做出两栋纸房子。一栋用白纸板,一栋用黑纸板。
2. 在每个"房间"放一个温度计,测量温度。
3. 每隔30分钟检查一次温度,持续几小时。温度是如何变化的?

她做到了!

玛利亚·泰克斯

在匈牙利出生的玛利亚·泰克斯从高中就开始对太阳能感兴趣。高中毕业后,在 1925 年,她搬到了美国,此前,她已经成了一个研究物理化学的博士。1947 年,她与一个团队合作共同研究一个演示太阳能的用途的实验房屋。玛利亚负责设计房子的供暖系统。这个房子今天还在使用。玛利亚继续研发了太阳能的其他几种用途,并因这些研究成果而获奖。

140

塑料花盆

把空的软饮料瓶变成植物的乐园！

科学原理是什么？

　　你的植物需要多少水？它通常会给你一个信号，说明水太多或太少了。枯萎的植物说明水分太少，需要更有规律地浇水。有些植物可能会因过度浇水，导致根发霉，叶子变黄或者茎干变软，变成糊状。

材料：

· 1个大塑料软饮料瓶
· 剪刀
· 小纱布或松
· 软的布
· 橡皮筋
· 盆栽混合土
· 植物幼苗
· 水
· 杯子或容器

步骤：

1. 把饮料瓶的上1/3切掉。保留上半截，并回收瓶子的其余部分。
2. 将上半截瓶子倒置，用纱布盖住瓶口，用橡皮筋固定。
3. 在瓶内放入盆栽土，在顶部留下一个小空隙。把幼苗种在土壤里。
4. 加水使土壤湿润，但不能太湿。种苗后，把纱布从瓶口取下，把种着幼苗的瓶子放在一个杯子或容器里。可以把瓶子拿出来检查，观察根从瓶口长出来！

141

婉转的啁啾声

　　当你欢迎鸟儿们住在你的房子周围时，你就是在维护栖息地的生态健康。而且你也有机会通过观察那些拜访你的喂食装置的鸟儿，来了解你所在地区的生物多样性！

材料：

· 剪刀
· 苏打水瓶子
· 木勺
· 小螺丝钉
· 绳子

步骤：

1. 在瓶子上从底部往上的1/2和1/3处分别剪出两对相对的孔，这样你就可以将定位销插入瓶子，并使两端伸出。滑动定位销。
2. 在瓶子里装满适合你周围鸟儿进食的鸟食。
3. 把一个小螺钉拧进瓶口，这样你就可以把瓶子挂在树上或其他地方。记得更换瓶盖。
4. 记下来吃食的鸟类，找一本鸟类指南，这样你就可以了解这些鸟类的名称了！

科学原理是什么？

　　世界上有 10 000 多种鸟类！你当地的生态系统也许能支持多种鸟类的生存。做一些研究，你可以发现你所在地区常见的鸟类以及它们最健康的食物选择。你可以在下面要介绍的养鸟机上装上当地生态学家或公园管理员推荐的食物。

142 走向世界

材料:
· 记号笔　　　· 海报板　　　· 星形贴纸

你知道你的厨房里就藏着全世界吗?

科学原理是什么?

你吃的食物中的许多成分来自全世界。这是因为不同的作物需要在不同的气候下生长,不同的动物也生活在不同的环境中。你的厨房是体现生物多样性的一个很好的例子。

步骤:

1. 将世界地图或地图册贴到海报板上。
2. 在你的厨房里探寻一番。检查食品外包装的细节,看看橱柜和冰箱里的东西是从哪里来的。将对应的星形贴纸添加到你的世界地图上。

143 聊聊垃圾

我们来聊聊垃圾——不是那种令人恶心的,而是我们的星球喜欢的那种垃圾!

科学原理是什么?

有些材料是可生物降解的。可生物降解材料可以帮助地球:肥沃土壤给植物提供营养。地球上的很多东西,如苹果核、橘子皮等都是可生物降解的。人造材料通常不可生物降解。不可生物降解的材料进入垃圾填埋场,会污染地球环境。

材料:
· 污泥　　　　· 小塑料袋
· 空牛奶盒　　· 一杯水
· 生菜　　　　· 棍子

步骤:

1. 把污泥倒进牛奶盒里,装满牛奶盒的一半。
2. 把生菜和塑料袋放在污泥上。
3. 把水倒在生菜和塑料袋上。
4. 一周后再检查牛奶盒。用棍子戳一下,找你的垃圾。哪个分解得更快,生菜还是塑料袋?

四、夜猫子

天文学

奇妙的风铃

这是一个可以让你脱颖而出的实验！

科学原理是什么？

早在约 45 亿年前，我们的太阳系就已经形成了，它由很多小行星、彗星、卫星和行星组成。因为太阳强烈的万有引力，太阳系中所有的物体都沿着固定的轨道围绕它转动。这也是我们把太阳称为"母星"的原因。

材料：

- 报纸
- 桶装水
- 纸浆胶水
- 颜料
- 1.5 到 2 米长的金属线
- 针或者串扦
- 两根竹签
- 手电筒
- 5 厘米直径的泡沫球（用来做水星、火星和冥王星）

- 2.5 厘米直径的泡沫球（用来做地球附近的卫星）
- 7.5 厘米直径的泡沫球（用来做金星、地球、天王星和海王星）
- 10 厘米直径的泡沫球（用来做木星和土星）
- 20 厘米直径的泡沫球（用来做太阳）

你知道吗？

很多人都用这个辅助记忆模型——行星助记符，来记住太阳附近各大星体和太阳的关系。

步骤：

1. 将报纸撕碎浸泡在水中，放置一晚。
2. 第二天，将报纸中的水挤出。
3. 用胶水将报纸粘在泡沫球表面，做成星体模型。一共需要制作8个模型，再加上太阳、地球的卫星和冥王星（冥王星之前被列为行星，但是在2006年被划分成矮行星。）
4. 等待你的星球晾干。
5. 给星球涂上不同的颜色。
6. 将金属线折成星星的形状放在星球旁边。
7. 用针刺穿每个星球，然后把金属线从每个孔中穿过每个星球。
8. 把两根竹签按十字架形状交错粘在一起。取一根金属线将它弯成一个圆环，用来悬挂你的星球。把竹签和金属圆环系在一起。
9. 用线将你的星球挂在竹签上。
10. 关灯，用手电筒照亮你的"太阳系"。

太阳

水星

金星

地球

地球的卫星

火星

木星

土星

天王星

海王星

冥王星

驶出地球

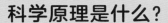

想知道天空中的星星到底有多远吗?

科学原理是什么?

即使你没有移动,铅笔似乎已经移动了,因为你的视线已经改变。天文学家在测量地球到邻近恒星的距离时考虑到了这一点。这叫作测量它们的视差。天文学家知道恒星与地球的距离会出现不同,这取决于它们被测量时的位置。考虑到这一点,对地球周围的恒星进行精确测量的一种方法是,当地球从太阳的一侧移动到另一侧时,即每隔 6 个月测量一次。视差出现在两点的中间。

材料:

· 书架
· 铅笔

步骤:

1. 站在书架前,手中拿着铅笔,手臂尽可能伸展。把你的视线集中在书架上。
2. 闭上左眼,记下你在书架上看到铅笔的位置。
3. 在完全不改变位置的情况下,睁开左眼,然后闭上右眼。
4. 铅笔的位置出现了什么变化吗?

她做到了!

亨丽爱塔·莱维特

美国出生的莱维特在高中时发现了天文学带来的乐趣。大学毕业后,她开始在哈佛大学天文台做研究助理。7 年后,她受雇于天文台,每小时挣 30 美分!亨丽爱塔研究恒星的图像以确定它们的大小。她最终成了光度测定部门的负责人。在职业生涯中,亨丽爱塔发现了 2400 多颗星星。

146

聚焦

亲身近距离接触太空！

科学原理是什么？

望远镜使用两种不同的透镜来收集来自遥远物体的光。大透镜，或称物镜，聚焦光线。目镜，或称低倍镜，放大图像以便你能看到物体。

材料：

· 胶带
· 大透镜（如一副旧的阅读镜的镜片或者一个玩具放大镜的镜片）
· 两个约40厘米长的纸筒，一个可以在另外一个中滑进滑出
· 小透镜（例如从一个小的放大镜中找到的透镜）

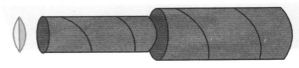

步骤：

1. 将大透镜用透明胶带粘牢在大纸筒的一端。
2. 将小透镜粘牢在小纸筒的另一端。
3. 将较小的纸筒插入较大的纸筒中，使每端都有一个透镜。你创造了一个简单的折射望远镜！试试看！你的望远镜能帮助你更清楚地看到远处的物体吗？

147

水果掉下来了

这是一场橙子与葡萄的竞赛！

科学原理是什么？

地球上的力把地球上所有的东西都拉下来阻止它们飘走，这个力叫作重力。不管物体有多重，重力都会以相同的加速度将其向下拉。

材料：

· 报纸
· 椅子
· 两个橙子
· 葡萄

步骤：

1. 把报纸铺在地板上，然后把椅子放在上面。
2. 小心地站在椅子上面。
3. 每只手拿一个橙子，手臂向前伸出。确保每个橙子距离地面的高度相同。
4. 同时放手让橙子落下。哪一个会先到地面？
5. 再试一次，这次用一个橙子和一颗葡萄。哪一个会先落地呢？

148 不要溢出

不要让地心引力把你放倒！

科学原理是什么？

引力是一种物体间相互作用的力，物体可包括卫星、行星和恒星。物体质量越大，其引力就越大。小物体之间的引力很难测量。本实验中的这些大理石很小，所以它们不会对彼此施加强大的引力而相互吸引。然而，它们确实经受着地球的引力，这种力要大得多！

材料：

- 塑料包装袋或者垃圾袋
- 绣花圈
- 两堆书籍或者砖块
- 大理石

步骤：

1. 把塑料袋或垃圾袋伸进绣花圈里。用绣花圈的外环将其固定到位，确保塑料平面绷紧。
2. 把绣花圈放在你的书或砖之间。
3. 在塑料平面上放一块大理石。发生了什么？
4. 再在上面加一块大理石。现在发生了什么？

149 流行的太空服

找出最适合在外太空用的材料！

科学原理是什么？

地球大气层以外的空间温度可能很低，但太阳辐射会照射到所有东西上。有些材料可能会因此改变形状，这取决于它们吸收或反射光线的方式。你在家穿的衣服在太空不能给你的身体所需要的保护。在国际空间站（宇航员生活和工作的地方），来自太阳的辐射很强，因为辐射不会像入射到地球上的那样被大气层过滤。

材料：

- 气球
- 剪刀
- 空的软饮料罐子
- 热水
- 橡皮筋

步骤：

1. 把气球气嘴儿以下的部分剪掉。
2. 拧下易拉罐上的易拉罐盖（拉环），然后将热水倒入易拉罐中（请一个成年人帮助你）。
3. 把气球套在罐子的顶部，用橡皮筋把它固定住。
4. 记录在罐子中注入热水时气球发生了什么变化，然后随着水的冷却，最后当水冷却之后发生了什么。

150 重力抓住你啦

感觉有一点点不平衡？可能是因为这个！

科学原理是什么？

　　所有物质在重心处保持平衡。如果两个物体的质量相同，它们的重心是它们的中点；如果其中一个物体质量更大，重心就更靠近质量大的物体。当你跳起来的时候，重心会改变。当你的手在脚趾下面时，你就不能将重心向前移动！

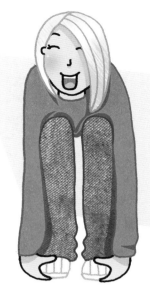

步骤：

1. 双脚分开与你的臀部同宽。
2. 弯腰，将将你的双手靠近脚趾。
3. 向前跳。
4. 现在把你的手轻轻地放在你的脚趾下面。
5. 现在试着跳起来。发生了什么？

151 沿着前端和中心

看你是否能找到最佳的平衡点！

科学原理是什么？

　　两颗行星的重心将更靠近大行星。如果你把一个大一些的物体放在尺子上，你需要把代表重心的支点朝着它移动，使尺子保持平衡。就像一把跷跷板，重心是板的平衡点。如果跷跷板两端的孩子体重相同，则板平衡。如果一个孩子更重，那么轻的孩子必须施加更多的力来维持平衡。

材料：

· 长直尺
· 三角形砖块
· 能够在直尺上平衡的小的、轻的物体或者玩具

步骤：

1. 把尺子放在三角块上，使其两端保持平衡。三角形应该在中间作为支点。
2. 选择两个物体并将它们放置在直尺的两端。看看你需要把支点移到哪里来平衡两个物体的质量。
3. 尝试更换物体以查看新平衡点的位置。

152 夜以继日

就在你醒来的时候，地球另一端的孩子们正在入眠！

科学原理是什么？

地球是在黑暗的太空中的一个巨大的球。地球总是围绕着它的地轴旋转，地轴倾角为 23 度。地球完成一次自转大约需要 24 小时。当地球旋转到对着太阳时，这个半球上的人们会经历白天，而另一个半球则是夜晚。

材料：

· 纸张和钢笔
· 剪刀
· 胶带
· 充气的气球
· 地图册
· 一股细线
· 手电筒

你知道吗？

地球自转时向东转。地球自转时会遇到太阳照射，这就是为什么太阳从东方升起！

步骤：

1. 在纸上画出地球各大陆的形状。把它们剪下来，用胶带固定在气球上（参照其实际分布）。（如果需要帮助，请使用地图册。）
2. 用绳子把气球挂在某个地方。
3. 把手电筒照气球的一侧，这代表太阳发出的光。
4. 慢慢地转动气球。
5. 试着转动气球使"地球"上不同的地方展示这些时刻：午夜、日出、中午、日落。

153 成形！

你能猜到地球有点被轻微地挤扁了吗？

科学原理是什么？

地球是圆的，但它不是一个正球体。它实际上是一个扁圆球体，这意味着它的两极被稍微压扁了。地球受"挤压"的形状是它自转造成的。自转导致其在赤道处凸出。地球绕着一个轴旋转，轴的两端在两极。

材料：

· 气球
· 水
· 手钻
· 螺丝孔（一端带圈的螺丝）
· 细线

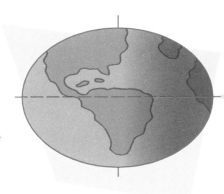

步骤：

1. 把气球装满水，把球口处系紧。
2. 把螺丝孔放在手钻钻头合适的地方。（向成年人寻求帮助。）
3. 把细线一端系在螺丝孔上，另一端系在气球上。
4. 到外面或水池里，转动钻头的手柄。
5. 逐渐增加转动速度。

154 拨入时间

现在几点？当然是时候学习日晷了！

科学原理是什么？

很久以前，在时钟被发明之前，人们用日晷计算时间。人们通过研究太阳在天空中的位置和此时垂直木棍投射的阴影的长度来实现。

材料：

· 铅笔
· 石块
· 记号笔

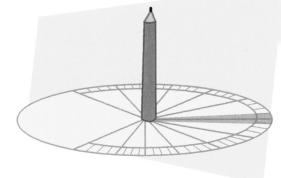

步骤：

1. 在外面找一个阳光明媚没有阴影的地方。
2. 把铅笔插在地上。
3. 花一天的时间看着铅笔投射的影子。每小时，在阴影投射的地方放置一块石头。用记号笔在每一块石头上写下此时的时间。你会慢慢地创造出一个石头环。
4. 试着用你的石头环确定现在的时间，然后对照时钟或手表，看看是否正确。你能通过观察石头间的阴影来判断15分钟的时间吗？

155

潮水引导

就像日子有起起落落，海洋也有潮起潮落的时候！

科学原理是什么？

地球表面的 70% 被海洋所覆盖。在水位不变化的情况下，潮水每 12 小时涨落一次。月球对地球的引力会直接作用于地球上的海水，导致海平面的上升和下降。当地球一侧为涨潮时，另一侧为退潮。

开始冲浪

材料：

· 水桶
· 水
· 塑料球

步骤：

1. 把水桶装满一半的水。
2. 将塑料球浮在水面。
3. 用双手把球慢慢地往下压。
4. 松开手，让球再浮上来。
5. 观察水位的变化。

156

光线游戏

太阳光让我们感觉美好和温暖，它们也能提供很多信息！

材料：

· 纸张
· 玻璃水杯
· 水

步骤：

1. 找个阳光充足的地方。
2. 把纸张放在一个平面上。
3. 把水杯装上半杯水。
4. 将玻璃杯保持在纸张上方约8厘米处。
5. 慢慢地上下移动玻璃杯，并稍微倾斜。
6. 记录你在纸上看到的所有颜色。

科学原理是什么？

来自太阳和其他恒星的光可以被分解成许多颜色或者说不同频率的光波。

这些不同的波长能够告诉天文学家每颗恒星中存在哪些元素。我们知道太阳基本上是一个由气体和等离子体组成的大球体。它的大部分气体是由氦或氢组成的。

但是它的光谱告诉我们，它也含有氧、碳、铁、镁和氮等元素。

157 有趣的太阳

每天你都有机会看到一些不同的东西……

科学原理是什么？

在黎明和黄昏之间，太阳会在天空中移动，它会在每天中午升到天空的顶点或者说最高点。如果你生活在赤道附近，太阳从东到西移动大约需要 12 小时。如果你住在离赤道较远的地方，那么太阳升起和落下的地方以及顶点，都会随着季节的变化而变化。在冬天，太阳在天空中的高度很低，白天也很短。在夏天，太阳高高挂在天空，我们有很长的夏日。

材料：

· 指南针
· 太阳镜
· 钢笔与纸张

步骤：

1. 到户外去。确保你面朝东或西（通过指南针判断），然后找到附近的树和远处的物体。
2. 寻找一个你看过去，树和远处的物体成一条直线的位置站着。这将有助于确保你总是在看同一个地方。
3. 在每天黎明或黄昏时，在纸上记录太阳相对于物体的位置。戴上太阳镜，以免伤到你的眼睛。
4. 坚持每天记录太阳的位置并持续一到两周。你应该会看到一些变化。

158 太阳的安全问题

永远不要直视太阳，否则你会被太阳光灼伤眼睛的。

科学原理是什么？

你在纸板上看到的斑点代表太阳黑子——太阳表面出现的黑点。它们是比周围气体更冷的磁性区域。这些太阳黑子有规律地呈周期性移动。它们的数量在大约 11 年的时间内增加和减少，这段时间被称为"太阳黑子的活动周期"。

材料：

· 削尖的铅笔
· 两张纸板

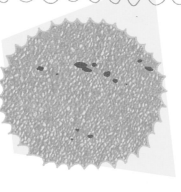

步骤：

1. 用锋利的铅笔在其中一块纸板上打个小洞。
2. 走到外面背对着太阳站着。
3. 举起有洞的纸板。
4. 把另一张纸板放在其下面大约20厘米的地方，这样太阳光就会通过第一张纸板的洞照到下面的纸板上。
5. 仔细观察发生了什么。
6. 让两张卡片离得更远些。
7. 观察发生了什么。

159 盒子中的日落

材料：
· 干净的塑料盒
· 水
· 一茶匙牛奶
· 手电筒

步骤：
1. 将塑料盒内倒满水。
2. 将牛奶加入水中。
3. 把手电筒垂直照到水上，这就是中午时太阳的样子。
4. 现在把手电筒侧着照，看日落时太阳是什么样子。

告诉你的爸爸妈妈，你正在以科学发现的名义进行一场除尘运动。

科学原理是什么？

地球大气中充满了尘埃微粒。粒子会散射太阳照射到地球的光。不同颜色的光有不同的波长。较短波长的光容易被散射。当太阳落在地平线上时，波长较长的光波才能到达我们的眼睛。红光和黄光的光波比其他颜色的光波长，这就是为什么我们在日落时会看到它们——它们是没有散射的两种光。

---

160 月亮监视器

月亮到底有多少张脸？

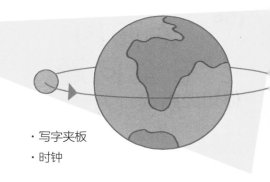

材料：
· 铅笔
· 纸张
· 写字夹板
· 时钟

科学原理是什么？

月亮绕着地球公转。我们可以看到月亮，是因为月亮反射了太阳光。当月球围绕地球旋转时，它也绕着自己的轴缓慢地自转。这改变了它反射的光的数量，使得它看起来形状发生了改变。

步骤：
1. 在纸上画8个圆形。在每个形状旁边，留出空间来记录日期和时间。
2. 在一个无云的夜晚出门，观察月亮的形状。将纸上的第一个圆形涂上颜色，使其看起来像天空中的月亮。在其旁边记下日期和时间。
3. 等两晚，再观察一下月亮的形状。给第二个圆圈上色。
4. 每天晚上都这样做，直到将8个图形都完成。

月亮魔术

161

材料：

- 鞋盒
- 黑色颜料
- 剪刀
- 手电筒
- 胶带
- 乒乓球

正如人们有许多心情一样，月球也有许多月相。

科学原理是什么？

月球每月会经历 8 个阶段。这些相位是根据我们能看到月球被太阳照亮部分的形象以及它的大小是增大还是减少而命名的。

步骤：

1. 把鞋盒里面涂成黑色。
2. 用剪刀或小刀在鞋盒的两边各开3个孔，孔的间距要均匀。孔的直径约为0.27毫米。
3. 在鞋盒的一端再剪一个同样大小的孔。
4. 在另一端开一个足够大的孔，让手电筒的光能照进来。
5. 用胶带把乒乓球悬挂在鞋盒中央。它应该和你在鞋盒侧面凿的洞保持一样的高度。
6. 把手电筒放在适当的位置，然后打开它。
7. 从每个洞去看。你能看到月亮的圆缺吗？

你知道吗？

月球绕地球公转时会自转，这意味着其同一侧总是背向地球。太空探测器发回的照片显示，月球上的坑比我们能看到的还多。

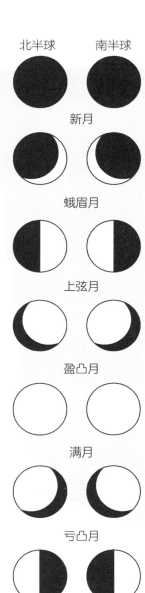

北半球　　南半球

新月

蛾眉月

上弦月

盈凸月

满月

亏凸月

下弦月

残月

在北半球，月亮的光部分从右向左移动；在南半球，它从左向右移动。如果可以，头朝下，俯身看着月亮；这就是看月球另一个半球的方法！

162 摇滚月亮

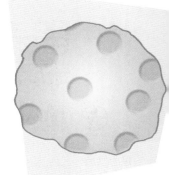

材料：
- 黏土或橡皮泥
- 热水
- 旧的网球
- 铅笔

今晚和月球岩石一起出去摇滚。

科学原理是什么？

月球表面被山、山谷和火山口覆盖，其大部分是由风化层构成的。风化层是由破碎的岩石、灰尘和土壤组成的松散层。许多月球岩石是角砾岩。角砾岩是一种坚硬的破碎的岩石（可能被陨石撞碎，后来又重新形成）。天文学家还在月球上发现了一种致密坚硬的岩石，叫作玄武岩，地球上也有这种岩石。

步骤：

1. 把黏土滚成一团或者在热水中揉橡皮泥。将其放在温暖的地方15分钟。
2. 用温暖的黏土或橡皮泥覆盖旧网球的表面。
3. 用铅笔在球的表面到处戳洞。
4. 让球自然晾干，这估计需要1天的时间。

163 变重了！

你在月球上的体重的 6 倍才和你在地球上的体重一样重。

材料：
- 体重秤
- 计算器

科学原理是什么？

月球的引力大约是地球引力的1/6。把我们往下拉的重力决定了我们的重量。因此，如果你去月球，你的重量将是在地球上的1/6。

步骤：

1. 在体重秤上测量自己的体重。
2. 将你的体重数值除以6。
3. 这就是你在月球上的重量！

164 巨大的冲击!

是时候造一些月球尘埃了。

科学原理是什么?

月球表面有很多被称为环形山的碗状凹坑结构的洞。环形山有点像月球表面的伤疤。它们是由太空中的物体（如流星）撞击月球表面后形成的。

材料:

- 报纸
- 胡椒粉
- 弹珠
- 烤盘
- 肉桂粉
- 硬币、葡萄或石头
- 可可粉
- 糖粉

等小物件

步骤:

1. 把报纸放在地板上，把烤盘放在报纸上面。
2. 在烤盘底部均匀地撒上5厘米厚的面粉。
3. 在面粉上撒一层可可粉。再撒上胡椒粉、肉桂粉和糖粉。
4. 把弹珠放到齐腰高的地方，然后释放使它落入烤盘中。看看你制造的坑！
5. 扔一些其他的物体来制造更多的"陨石坑"。

165 星星秀

就像人一样，星星也三五成群。

科学原理是什么?

在夜空某一特定区域内，人们常将可以看到的一组星星称为星座。星座的名字通常来自动物与神话等。它们在日落和日出之间可见。随着地球的自转，人们可以看到不同的星座。

材料:

- 鞋盒
- 你最喜欢的星座的图片
- 记号笔
- 削尖的铅笔
- 手电筒
- 剪刀

步骤:

1. 将星座图案画在鞋盒的一侧。
2. 根据星座每颗星星的位置，用锋利的铅笔在鞋盒上戳一个个的小洞。
3. 在鞋盒的另一侧剪一个洞，把手电筒放进盒子。
4. 在黑暗的房间里，打开手电筒，并让光射向屋顶或墙壁。你看到了什么？

166 恒星零食

星座很神奇，也很美味。

科学原理是什么？

在一年中的某些时候，北半球的一些星座在南半球也能看到。

例如：

- · 猎户座；
- · 飞马座；
- · 大熊座；
- · 小熊座。

其他的星座在南半球和北半球的特定时间可见。例如：

- · 天燕座；
- · 南十字座；
- · 长蛇座；
- · 绘架座。

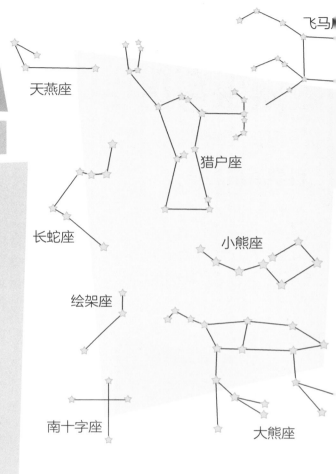

飞马座

天燕座

猎户座

长蛇座

小熊座

绘架座

南十字座

大熊座

材料：

- · 一包棉花糖
- · 几打牙签

你知道吗？

天狼星是除太阳外全天最亮的恒星。它的名字来自希腊语：Seirios，意思是"发光的"或"灼热的"。

步骤：

1. 从上面列出的星座中选择一个你想用棉花糖重新创作的星座。
2. 用棉花糖做星星，用牙签把星星连起来以勾勒星座的形状。

167 黑夜星光

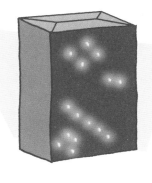

材料：

· 削尖的铅笔
· 空麦片盒
· 手电筒
· 炉子

一闪一闪亮晶晶……

科学原理是什么？

光通过不同密度的材料时会发生折射。因为大气层是由不同的物质组成的，因此光穿过地球大气层时会发生折射。这就是为什么有些星星看起来会闪烁。

步骤：

1. 用铅笔在空麦片盒上戳洞。

2. 把手电筒放在盒子里。如果手电筒是倾斜的，它就能通过这些小孔向外发出亮光，那么这个实验将会取得较好的效果。

3. 把盒子盖上，然后把它放在炉子旁边（确保盒子没有碰到炉子）。让一个成年人帮你打开炉子。保持炉子在你和盒子之间。

4. 当热气从炉子向上升时，你的星星将开始闪烁。

168 宇宙计数

你是否曾经想知道在整个夜空中可以看到多少颗星星？

科学原理是什么？

银河系中大约有 1 000 亿颗恒星。在地球上，由于当地的天气条件和我们视野有限，我们只能看到这些恒星的一小部分。接下来这个活动将帮助你粗略估计，在你住所附近你能看到多少颗星星。

材料：

· 厕纸筒
· 纸张和钢笔
· 计算器

步骤：

1. 让一个成年人在一个晴朗的夜晚和你一起出去。

2. 用一只眼睛透过纸筒看向夜空，数一数你看到的所有星星的数量，同时记录下数字。为了更容易做到这一点，把你能看到的天空分成10个部分，分别在每个部分数星星。

3. 现在，使用计算器，把各个部分星星的数量加起来得到总数。想想你能独自在你所在的区域看到多少颗星星，然后想想你在全世界能看到多少颗星星！

169 闪烁星光

让星星向你展示它们自己,哪些是最亮的?

科学原理是什么?

恒星的亮度被称为星等。"表观星等"是指从地球上看时它的亮度。"绝对星等"是指它的真实亮度。有些星星在我们看来很明亮,因为它们离我们很近。其他遥远的恒星之所以显得明亮,是因为它们又大又热。

材料:

· 小刀　　　· 胶带
· 一张纸板　· 彩色玻璃纸

步骤:

1. 用小刀在纸板上并排切出4个长方形的洞,长与宽分别约为10厘米与5厘米。
2. 把一张玻璃纸粘在4个洞上。
3. 现在用胶带把第二张玻璃纸粘在3个洞上。
4. 接下来,把第三张玻璃纸粘在这3个洞中的两个上面。
5. 最后,在这两个洞其中一个上面粘上第四张玻璃纸。
6. 把纸板带到外面,举向天空。注意,当你从一个被覆盖了更多玻璃纸的洞里往外看时会发生什么。(你只能看到最亮的星星发出的光。)

170 黑洞照片

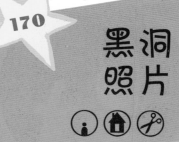

黑洞就像是太空中的真空吸尘器!

科学原理是什么?

黑洞有点像真空吸尘器,它们清理太空中的碎片。然而,黑洞不是利用吸力,而是依靠重力把物体拉向黑洞。因为黑洞吸收光线,天文学家看不到它们。他们必须寻找围绕着这个黑洞旋转的重力,就像水围绕着浴缸的排水孔一样。

材料:

· 放大镜
· 报纸

步骤:

1. 把放大镜放在报纸的正上方。
2. 慢慢地前后移动。
3. 你所看到的就是天文学家在观察黑洞时所看到的样子。

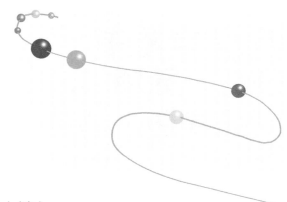

171 银河系女孩

用这个天文学上很酷的实验测量距离！

科学原理是什么？

宇宙是如此巨大，以至于用千米很难计量其中物体间的距离。科学家们使用了一种叫作 A.U. 的东西（即"天文单位"）来计重量。地球和太阳之间的平均距离是一个 A.U.，就是 14 900 万千米。

你知道吗？

如果你以每小时 160 千米的速度行驶，那么你必须行驶 100 年以上才能达到 1A.U. 的距离。

材料：

· 一个很大的空间（例如一个大房间、一个院子或一块田地）
· 9颗珠子（颜色和尺寸各不相同，以使每个"星球"独一无二）
· 一根至少5米长的长绳
· 公制尺
· 可以写入东西的磁带

步骤：

1. 利用下面的数据，看看每个行星和太阳之间的距离为多少个A.U.。在本组数据中，1A.U.等于10厘米。如果地球与太阳间的距离是1个A.U.，那么其他行星与太阳的距离分别是：水星：0.4 A.U. = 4厘米、金星：0.7 A.U. = 7厘米、火星：1.5 A.U. = 15厘米、木星：5.5 A.U. = 55厘米、土星：10 A.U. = 100厘米、天王星：20.1 A.U. = 201厘米或者约2米、海王星：30.4 AU = 304厘米或者约3米。

2. 用胶带把珠子在绳子上固定好（珠子代表行星），这样它们就不会沿着绳子滑动，然后给它们贴上标签。这个模型可以让你了解行星之间的距离。（想到4颗内行星之间的距离如此之近，真是太不可思议了！）

葡萄干屋顶

有时为了吃点夜宵需要走很长的路！

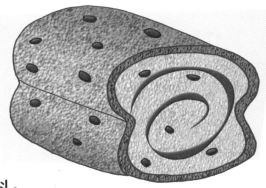

科学原理是什么？

宇宙学家认为在大约130亿年前发生了一次"大爆炸"，这是我们所知道的宇宙的开始。随着宇宙和物质的膨胀，恒星、星系和星云诞生了，宇宙的每一部分都向外扩散，远离爆炸。在这个实验中，当面团膨胀时，上面的葡萄干会移动，就像宇宙的各个部分会分开一样。

你知道吗？

哈勃空间望远镜以埃德温·哈勃（Edwin Powell Hubble）的名字命名，它位于地球的大气层之外，拍摄太空物体的美丽照片。哈勃利用对星系和光的观测来证明我们的宇宙在不断膨胀。

材料：

- 烤箱
- 小碗
- 1茶匙小苏打
- 一杯开水
- 中等大小的碗
- 1杯半的普通面粉，还有一点儿额外的面粉（加入小苏打的）
- 半茶匙盐
- 半杯糖
- 一个鸡蛋
- 1大勺植物油
- 烤盘
- 黄油（大约与做1片吐司需的黄油量相同）
- 1杯葡萄干
- 1根牙签
- 平底锅
- 架子

步骤：

1. 预热烤箱至180摄氏度。
2. 在小碗中，将小苏打和开水混合在一起。放置30分钟。
3. 在一个中等大小的碗里，把面粉、盐和糖混合在一起。加入小苏打混合物。
4. 将鸡蛋和植物油放在一起搅拌，尽可能搅拌均匀。
5. 在烤盘上涂上黄油，然后撒上面粉。
6. 把面团倒在烤盘上。
7. 把葡萄干塞进面团的中心。
8. 把面团烤45分钟或直到其表面变成金黄色。若要测试是否烤熟，请将牙签插入中心。如果牙签拿出来是干净的，表明面包就做好了。
9. 让面包在平底锅中冷却10分钟，然后转移到金属架子上至其完全冷却。
10. 切开面团，观察面团膨胀时葡萄干是如何分开的。

173 一颗恒星诞生了

在一个小盘子里做大事！

科学原理是什么？

星系成群地生活在一起，就像牛成群地生活在一起一样。有时它们会互相碰撞，破坏彼此的形状。当这种情况发生时，新的恒星会诞生，还会创造出一场惊人的"烟花秀"！有时在星系内，尘埃、气体和恒星形成向外延伸的旋臂。当这种情况发生时，这个星系就变成了"螺旋星系"。

材料：

· 浅底盘
· 硬币
· 水
· 小圆纸片（纸屑）

步骤：

1. 把盘子放在硬币上，这样你就可以轻松地旋转它了。
2. 在盘子里加水，水深大约1厘米。
3. 轻轻地把五彩纸屑撒在盘子中间。
4. 慢慢地旋转盘子，观察盘中会发生什么。

174 星星吞噬者

不要让光污染阻碍你享受充满星星的夜空！

科学原理是什么？

光污染让我们在晚上很难看到星星。光污染有两种类型：天空辉光和局部眩光。天空辉光是建筑物、道路和停车场等地方的成百上千盏灯造成的橙色辉光。局部眩光来自局部光源，如街灯或邻居的窗户反光。

材料：

· 胶水
· 黑色的纸或硬纸板
· 闪光装饰物
· 剪刀
· 闪亮的金属纸
· 银金属漆
· 手电筒

步骤：

1. 用胶水在纸上创作出夜空的图案。
2. 在胶水上洒上闪光装饰物。
3. 把金属纸上的星星剪下来，贴在纸上。
4. 用银色金属漆勾勒出星星的轮廓。
5. 把纸贴在卧室天花板上（找一个成年人帮忙）。
6. 睡觉前，关闭灯，打开手电筒照向天花板。
7. 现在把灯打开。星星还在闪烁吗？

175 夜空之下

材料：

· 星座书或星空图
· 纸张和铅笔
· 黑伞
· 粉笔

别在雨中唱歌了，试着在星空下唱歌！

科学原理是什么？

当我们研究了一段时间天空以后，我们发现星座似乎在移动。这是一个"表观运动"的例子。实际上，恒星并不是在移动，而是我们自己在移动！地球绕地轴自转。当地球自西向东旋转时，星座似乎从东向西移动。

步骤：

1. 画出夜空的草图，或者把一本书或星图上的一些星座复制到纸上。
2. 用粉笔把图像复制到黑伞的内部。
3. 站在伞下慢慢地转动伞。

176 尘埃云

即使是星星，生命也在继续！

科学原理是什么？

当恒星快死亡时，它们会去掉外层。这些物质形成了尘埃和气体的云。这些云会发光，被称为"行星状星云"，它们通常呈气泡状或环状。

材料：

· 牙刷
· 银色或者白色油漆
· 黑色纸板
· 红色、紫色、蓝色和绿色的粉笔
· 胶水
· 亮片

步骤：

1. 用牙刷把银色和白色的油漆轻轻地点到黑纸板上。
2. 用不同颜色的粉笔在纸上分别画圆圈，然后把颜色混合在一起。
3. 把一些亮片粘到你的星云上。

年龄测定

看看你在不同星球上的年龄！

科学原理是什么？

我们用年、月、日来衡量我们的年龄。每过 1 年都代表着我们的"宇宙飞船"（就是地球）绕太阳公转 1 圈！然而，如果你生活在火星上，1 年的时间几乎是地球的两倍，达到了 686.9 天！如果你现在 10 岁了，那你在火星就只有 5 岁！看看这张表，了解你在各个星球上的年龄。

行星	完成 1 次公转所需的时间
水星	0.241 地球年（87.9 地球日）
金星	0.615 地球年（224.7 地球日）
地球	1 地球年（365.25 地球日）
火星	1.88 地球年（686.9 地球日）
木星	11.9 地球年（4 343.5 地球日）
土星	29.5 地球年（10 767.5 地球日）
天王星	84.0 地球年（30 660 地球日）
海王星	164.8 地球年（60 152 地球日）

$$10 \div 1.88 = ?$$

材料：

· 纸张
· 钢笔
· 计算器

步骤：

1. 在计算器中输入你的年龄。
2. 除以行星完成1次旋转所需的时间。（例如，如果你10岁了，想知道你在火星上的年龄，你可以按10/1.88=5.32岁！）
3. 现在你知道，如果你住在另一个星球上你有多大年纪了吧！

你知道吗？

我们太阳系有 8 颗行星，土星是其中第二大行星。但是你知道，其实土星也是密度最低的行星吗？事实上，它是我们太阳系中唯一可以漂浮在水中的行星。

178 压力之下

感受到了压力?

材料：

· 浴缸
· 浅平底锅
· 深平底锅
· 水

科学原理是什么？

每个行星都有自己的大气压力。我们在地球上并没有注意到它，因为我们已经习惯了。火星上的压力只有地球压力的1/10。这是因为火星的大气层是由与地球不同的物质组成的，并且距离表面比地球大气层高，火星大气层距其表面11千米，而地球大气层只比地球表面高7千米。

步骤：

1. 把浴缸、浅平底锅和深平底锅装满水。
2. 把你的手（手掌朝下）分别放在每个平底锅中。现在在浴缸里做同样的事情。你觉得有什么不同？水就像大气一样，对你的手施加压力。水越多，你会感觉到压力越大！

179 马铃薯芽

这些土豆要超出这个世界了！

材料：

· 烤箱
· 黄油
· 烤盘
· 4~8杯土豆泥
· 牛奶
· 烤箱手套
· 餐盘

科学原理是什么？

小行星是在太空中运行的大块岩石。它们中的大多数在一个叫作小行星带的区域绕太阳运行，这个区域位于火星和木星之间。但有些小行星的轨道是横穿或接近地球轨道的。有些小行星很大，大到呈球状，所以这些小行星也被称为"类星体"。

步骤：

1. 预热烤箱至190摄氏度。
2. 在烤盘上涂上黄油。
3. 取一把土豆泥，把它做成一个有趣的形状。在上面戳凹痕作为凹坑。（如果土豆泥太干，加一点牛奶。）
4. 把"小行星"放在烤盘上。
5. 把你的"小行星"烤20到25分钟或者烤到它们变成褐色。
6. 使用烤箱手套，从烤箱中取出托盘（向成年人寻求帮助）。把小行星放到餐盘上。开始享用吧！

180 星环

材料：

· 浅托盘
· 水
· 液体油漆
· 指针（如叉子或吸管）
· 纸张

在木星上，旋涡状的云好像带状物！

科学原理是什么？

木星的照片显示它的表面是由带状云组成的。这些云是由不同的化学物质组成的，比如氨和晶体。

步骤：

1. 把浅盘子装满水。
2. 把一些液体油漆倒在水上。
3. 将指针沿平行线拖动浮动油漆以形成带区。
4. 把纸张放在水面上（它能吸收油漆）。
5. 现在，你拥有了木星云带的图像。

181 火星人制造者

材料：

· 黏土
· 颜料
· 记号笔
· 装饰用的东西（如绳子、纽扣等）

创造一个能在火星上生存的生命！

科学原理是什么？

美国国家航空航天局表示，火星是一个对生命体"不太友好的"星球。它没有液态水来支持生物生存；它没有保护生命的臭氧层；它是季节性大沙暴的发源地；它有巨大的火山，包括我们太阳系中最大的火山——奥林匹斯山！

步骤：

1. 想想火星上的生活条件。什么样的生物可以真正生活在那里？为了生存它需要什么？
2. 设计一个你认为能在火星恶劣的环境中生存的火星人。
3. 用黏土做一个火星人，并且让黏土变硬。
4. 用颜料、笔和装饰品装饰你的火星人。

182 灰尘和铁锈

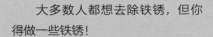

大多数人都想去除铁锈，但你得做一些铁锈！

科学原理是什么？

想象一下生活在火星上，近距离地研究它。生活在红色星球表面的宇航员会遇到一个很大的问题，即处理生锈！火星上覆盖着一层氧化铁，这是铁生锈而产生的。这层铁锈使火星呈现红色。当铁第一次形成时，它就聚集在行星表面，并与大气中的二氧化碳发生反应而生锈。

材料：

· 4个透明的杯子（玻璃杯或塑料杯）
· 半杯水
· 1/4杯醋
· 半杯沙子
· 4颗铁钉或4根铁条

步骤：

1. 把水、醋和沙子各放进一个杯子里，第四个杯子空着。
2. 在每1个杯子里都放一颗钉子或一根铁条，使它半浸在水下，半露在空气中。
3. 把钉子或铁条放在杯子里一周。定期检查它们，看看它们是如何变化的。你看到什么了？

她做到了！

巴巴拉·科恩

巴巴拉·科恩博士在成长过程中花了很多时间写作、阅读和演奏音乐。她不知道她会成为一名科学家！但是有一天，她看了一个关于宇宙飞船旅行者访问行星的电视节目，她简直不敢相信这些行星看上去有多美。她在大学报名参加地质课，发现自己对研究岩石很有兴趣。巴巴拉开始尝试通过各种技术和仪器帮助自己了解一块岩石是如何形成的以及在哪里形成的。巴巴拉现在是美国航空航天局马歇尔太空飞行中心的行星科学家。她是火星探测漫游者勇气号和机遇号团队的一员，甚至还有一颗小行星以她的名字命名（小行星6816）！

发射出光芒

信息是什么？得从卫星上找出来！

科学原理是什么？

卫星有时会从地球的两边互相发送信息！它们的工作原理和空间中的镜子差不多，以光速在彼此之间反射图片和数据。卫星用于军事规划、导航辅助和天气预报等。信号接收器就像是宽且浅的盘子，旨在捕捉尽可能多的信号。

材料：

· 手电筒
· 镜子

步骤：

1. 请3位朋友，每人占一个位置，围成一个大三角形。
2. 3个人分别为呼叫者、接收者和卫星。
3. 给"呼叫者"配以手电筒，给"卫星"配以镜子。
4. 关掉灯，让"呼叫者"用手电筒照射镜子，让拿着镜子的人把光反射到接收者身上。

184

遇见流星

天要塌下来了！天要塌下来了！

科学原理是什么？

流星是从彗星和其他天体碎片中分离出来的岩石状小块。当它们进入地球大气层时，它们似乎在发光。这是因为岩石与大气相摩擦，产生了热和光。在这个实验中，泡泡跟在苏打片在水里吹出"轨迹"之后就像流星划过天空，留下一道亮光。

材料：

· 塑料瓶
· 水
· 半片苏打片

步骤：

1. 把塑料瓶装满水。
2. 把苏打片放进水里，看会发生什么。

你知道吗？

落在地球上的流星很少造成任何损害，因为它们通常很小。但在大约6500万年前，一颗直径约13千米的巨大流星撞击地球，在地表形成了一个陨石坑，让数千吨的灰尘飘浮到空气中。

185 点火起飞

3、2、1，发射！

科学原理是什么？

火箭将宇航员送入太空。火箭是通过作用力和反作用力发射的。气球中的气体逸出代表了作用力，空气推着气球运动代表反作用力。在发射过程中，气体离开火箭的速度越快，发射的速度就越快！

材料：

· 剪刀
· 1个大号一次性纸杯或塑料杯
· 胶带
· 1个圆形气球

步骤：

1. 小心地把杯底剪下来。
2. 用胶带包住圆气球并放在杯子里，然后把气球吹起来。
3. 紧握圆气球的末端，但不要打结。
4. 握住火箭，使它朝向天空。
5. 放开气球。

186 太空

把你的信息发送到遥远的未来！

科学原理是什么？

当"旅行者1号"探测器于1977年发射时，它携带了一张光碟，里面描绘了地球上生命的声音和图像。这是为找到地外生命体而设计的。这也是人们第一次尝试与外星生物交流我们的信息。

材料：

· 纸张
· 记号笔和蜡笔
· 最喜爱的东西
· 录音机和磁带或CD
· 盒子

步骤：

1. 画一些你在地球上生活的画，可以画你自己；你的家人；你的家；或者画一些范围更大的东西，比如你所在的国家和你所处的大陆。
2. 收集当前的物品，如玩具、杂志、报纸、CD、照片。
3. 为可能在未来听到的人记录一条信息。
4. 将所有东西放入一个盒子中并保存。也许你的盒子将来会成为一个重要的信息来源！

超级外套

187

当你是宇航员时，穿衣服便有了不一样的感受！

科学原理是什么？

身穿宇航服使宇航员在太空工作变得非常困难。这件笨重的衣服会使宇航员很快感到疲劳，运动也很困难。但是宇航服保护宇航员免受太空真空环境的影响。它们在衣服内部创造类似地球的条件，提供合适的温度、压力和对太阳辐射的防护。如果没有宇航服，宇航员会死亡。

你知道吗？

宇航服就像独立的宇宙飞船，为宇航员提供温暖、氧气和动力。

材料：

· 螺母和螺栓
· 橡胶手套
· 大碗
· 水

步骤：

1. 把螺母和螺栓放在桌子上，试着把它们拿起来拧在一起。
2. 现在戴上橡胶手套（好像你自己的太空服手套），试着做同样的事情。
3. 把碗装满水。再准备一组螺母和螺栓。
4. 戴着手套，试着拿起螺母和螺栓，在水下把它们拧在一起。

188 冷冻的食物

你想像宇航员一样吃饭吗?

科学原理是什么?

当宇航员在太空执行任务时,他们吃太空食品。太空食品必须营养丰富,易于消化。它们还必须是轻的、包装好的、易存储的。太空食品是可复水的和热稳定的。可复水的食物不重;热稳定的食物不含细菌,所以不会变质。

你知道吗?

航天员一天吃 3 顿饭。大约有 70 种不同的菜单可供选择,他们在任务开始前就计划好了每日饮食。

材料:

· 婴儿食品或蔬菜泥
· 微波炉
· 微波安全塑料袋

步骤:

1. 将婴儿食品或蔬菜泥放入微波炉安全塑料袋中。
2. 冷冻食物。
3. 冷冻后,将食物(有袋子)放入微波炉中加热。小心! 食物会很烫的。
4. 享用你的太空食物吧!

189 完全正确

看看人类有史以来最伟大的成就之一！

科学原理是什么？

国际空间站是一个绕地球运行的研究实验室。来自世界各地的宇航员在空间站生活和工作，研究人类和其他物质在微重力下做出的反应。国际空间站由许多不同的部分组成，它们像一个巨大的乐高机器人一样连接在一起。太阳能电池板为空间站提供动力，它的翼展比波音 777-200 的翼展还长！

材料：

· 连接互联网
· 一个明亮的夜晚
· 双筒望远镜（可选择的）

步骤：

1. 登录美国航空航天局的网站，了解国际空间站何时会在你附近上方飞行。
2. 当国际空间站从你头顶经过时，到外面去，准备好观看。尽量找一个光污染很小的地方。如果可以的话，把附近的灯关掉。现在开始研究天空。
3. 当你看星星的时候，你可以看到小光点在天空中移动。这些不是恒星，因为你要花几小时才能看到恒星在天空中移动，它们是环绕地球运行的卫星。其中一颗卫星可能就是国际空间站！

190 成为漫游者

让你的玩具试镜扮演火星探测漫游者的角色！

科学原理是什么？

火星探测漫游者的行为如同它们的名字一样，他们在太空漫游！勇气号、机遇号、旅行者号和火星探路者号都发回了令人难以置信的火星数据。漫游者由地球上的科学家控制。他们使用科学仪器来了解他们正在探索的行星表面。漫游车被用于在火星漫游时处理非常细的沙子。

材料：

· 两杯沙子
· 两杯米饭
· 两杯粗土或碎石
· 3个饼干托盘
· 3～4个带4个轮子的玩具（如汽车、卡车，甚至鸭子）
· 一根长绳子
· 笔和纸
· 水

步骤：

1. 将每种"表面材料"分别放入托盘中。这些代表不同行星的表面。
2. 把你的第一个玩具系在绳子上，然后慢慢地把它拖过每个表面。记录每个玩具通过表面时的状态。沙子卡在车轮里了吗？汽车移动时是否拖带了太多碎石？重复拖动每个玩具。
3. 向每个表面加水，然后再次测试车辆。它们的状态如何？

191

阿尔法空间

材料：

· 笔记本
· 彩色铅笔
· 这本书

步骤：

制作一本超级太空字典，教你的朋友和家人你在这一章学到的知识。如果你需要记住定义，请参阅"神奇的词汇"中的定义。别忘了给你的字典加一个说明！

一定要把这20个词收录到你的图解空间字典里！

1. 小行星
2. 宇航员
3. 大气层
4. 黑洞
5. 彗星
6. 星座
7. 火山口
8. 矮行星
9. 银河系
10. 流星
11. 月球
12. 月岩
13. 轨道
14. 行星
15. 火箭
16. 太空食物
17. 螺旋星系
18. 星星
19. 太阳
20. 望远镜

你知道吗？

2011年，一位来自美国堪萨斯州的六年级学生马天琪赢得了美国航空航天局举办的命名比赛，这位学生把NASA发射的一个飞行器命名为"好奇心"，她甚至可以在这辆月球车上签名！

五、野生世界

生命科学

192 分类练习

快来认识认识不同的动物们！

材料：

· 旧杂志
· 剪刀

科学原理是什么？

　　科学家用分类法区分不同的动物。动物被分成 6 大类。鸟类是恒温动物，它们都有羽毛，为卵生。哺乳动物是恒温动物，大部分哺乳动物是胎生。爬行动物是冷血动物，也是卵生。两栖动物是冷血动物，生活在陆地和水中。鱼类是冷血动物，生活在水中，用鳃呼吸。无脊椎动物没有脊柱，比如昆虫和蠕虫。

步骤：

1. 把你能在旧杂志上找到的所有动物都剪下来。
2. 将这些动物分类。分类依据由你自己定：它们产卵的数量；它们居住的地方；它们是食肉动物还是食草动物；它们爬行速度的快慢；它们是陆地动物还是海洋动物……
3. 让你的朋友猜猜你是如何进行分类的。看看你是否能够用比如有袋动物或者单孔目动物这样的分类依据来骗到朋友们。
4. 不要忘记和你的朋友轮着来给动物分类。这个游戏也适用于对植物分类。

193 收集昆虫

是时候认真研究一下无脊椎动物了！

材料：

· 水桶
· 土壤（树周围的或被枯叶覆盖的土壤）
· 筛子
· 1张白纸
· 放大镜

科学原理是什么？

　　土地是无数生物的生存之所，其中很多是微观生物，比如细菌和真菌。土地也是各种无脊椎动物的家园。无脊椎动物指的是没有脊骨的动物，比如昆虫、蜘蛛和蠕虫。

步骤：

1. 拿出水桶，在里面装入土壤。
2. 将一些土壤倒入筛子。在白纸上方晃动筛子。
3. 使用放大镜观察白纸上的土壤。你看到纸上穿梭的小生物了吗？

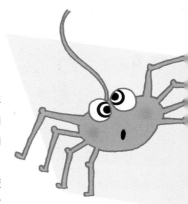

194

神奇的蜘蛛

蜘蛛和昆虫的区别在哪呢?
在于它们的腿!

科学原理是什么?

昆虫和蜘蛛都属于节肢动物,但它们不完全一样。昆虫有 6 条腿,身体分为 3 个部分。蜘蛛有 8 条腿,身体分为两个部分,而且蜘蛛隶属蛛形纲。

材料:

· 1只死蜘蛛(请成年人帮忙)或玩具蜘蛛,不要去捡活蜘蛛,它可能有毒。
· 1个死苍蝇(不要碰它,只是研究它)或玩具苍蝇。

步骤:

1. 数一下蜘蛛有几条腿。应该是8条。
2. 现在数一下苍蝇有几条腿。
3. 你能看到这两种生物身体部分的不同吗?它们的身体分别有几个部分呢?

195

看着你

蜘蛛可能正在暗中窥视你!

科学原理是什么?

蜘蛛的眼睛在晚上"发光"。蜘蛛眼睛的视网膜后面有一层亮膜,叫作反光组织。这种反光组织使蜘蛛能够收集亮光,有助于蜘蛛在黑暗中猎食。

你知道吗?

短吻鳄、猫、狗、鹿和浣熊也有反光组织!反光组织对夜行动物有帮助。

材料:

· 手电筒或火把

步骤:

1. 和成年人一起,拿着手电筒或火把出门。将手电筒放在头部旁边,与你的眼睛保持同样的高度,正对前方。
2. 慢慢地转身,检查你的四周。仔细观察有花草的地方。
3. 如果你能看到明亮的光点,停止转动,走近一些。看看这些光点是什么?是水滴呢?还是蜘蛛的眼睛呢?

神奇的网

像花园里的蜘蛛那样制作一张网！

科学原理是什么？

蜘蛛吐丝织网以抓捕猎物。花园蜘蛛织出的网最大最圆。花园蜘蛛在树枝间跳跃的时候通过它们的吐丝器放出蛛丝。花园蜘蛛的网中间有一个支撑性的、圆形的由蛛丝围成的区域。蜘蛛网的直径能达到 1.2 米！

你知道吗？

当花园里的蜘蛛不想捕食困在它网中的猎物时，它会切断那一部分网，使猎物坠落。

材料：

· 6把椅子 · 线球

步骤：

1. 将5把椅子摆成一圈，另一把放在中间。
2. 将线打结绑在一条椅子腿上，拿着线走到第二把椅子那里，将线绕在椅子扶手或椅子背上。
3. 将线绕在第三、第四、第五把椅子上，不时地绕回到中间的椅子上。直到线在每把椅子上绕了至少3次。
4. 剪断线，将线的末端系牢。
5. 像蜘蛛一样在你新制作的网中爬上爬下、四处穿行。

她做到了！
黛安·福西

在黛安还是个小女孩的时候，她就对动物展现出了极大的兴趣。大学时，她应继父的要求学习商业，但从没丢失对动物的热爱。她参与过一个兽医项目。在看到朋友在非洲度假的照片之后，黛安计划了第一次去非洲的旅行。之后，黛安开始从事大猩猩保护工作，并且成了一名灵长类动物学家。黛安留在非洲 18 年，一直在研究大猩猩。她为拯救濒临灭绝的山地大猩猩做出了令人难以置信的努力，也因此闻名全世界。

197 嗡嗡的蜜蜂

什么能使蜜蜂开心呢？当然是色彩和甜甜的蜜！

科学原理是什么？

　　蜜蜂会被糖果的甜蜜吸引。它们也会被鲜艳的色彩吸引。花朵要依靠蜜蜂授粉，它们用明亮的色彩和迷人的芬芳来引诱蜜蜂。蜜蜂在花蕊上采集花蜜时会碰到花粉囊（花朵中含有花粉的部分），这时花粉囊会释放出成千上万的花粉粒子，这对物种的生存繁衍起到关键作用。

你知道吗？

　　蜜蜂通过"跳舞"告知同类花朵的位置。

材料：

- 5张彩色的硬纸板（包含一张黑色的和一张白色的）
- 剪刀
- 5根吸管
- 胶带
- 糖
- 水
- 3个小罐子或饮料瓶上的塑料盖
- 盐
- 含糖量高的软饮料
- 笔记本
- 铅笔

步骤：

1. 将每一张硬纸板都剪成花朵的形状。这些纸板花要有大花瓣。
2. 用剪刀将每根吸管的一头剪成4个细条。将剪成细条状的一头压在纸板花的背面，形成星星的形状。将吸管粘到纸板上。
3. 将少量的糖和水混合，直到形成黏稠的溶液。将黏稠的溶液放入其中一个盖子里。重复这一步骤，对盐进行同样的操作，然后放入另一个盖子里。
4. 将少量的软饮料倒入最后一个盖子里。
5. 将盖子分别粘到各个纸板花的中间。有两朵纸板花上没有盖子。
6. 将你的花朵"种植"在外面。观察并且记录哪朵花最吸引蜜蜂。那朵花是什么颜色的？那朵花的盖子里是什么？

198 咬人的蚊子

被蚊子咬了真的……很痒!

科学原理是什么?

蚊子也被称为"吸血虫"!当蚊子落在身上时,它用长鼻子(尖喙)穿过皮肤来吸血。它吸血后留下的小孔变得很痒。昆虫的血叫血淋巴。根据昆虫种类的不同,血液有很多种颜色:透明色、绿色、黄色或浅蓝色。当蚊子被捏死时,你看到的红色血液是哺乳动物的血液,甚至可能是你自己的血!

说明:
如果你对蚊子过敏或住在易感染蚊子传播的疾病的地区,请不要尝试此项实验。

材料:

· 放大镜
· 1张纸
· 昆虫咬伤膏

步骤:

1. 在一个闷热的夜里,穿一件T恤,将胳膊上的皮肤裸露在外。
2. 坐在外面靠近光亮或者有灯的地方。将放大镜和纸片放在旁边。
3. 等待一只蚊子降落在你的胳膊上。用你的另一只手迅速地拿起放大镜,用它来观察蚊子。
4. 仔细观察它如何吸血。
5. 现在用那张纸把它捏死。然后会发生什么呢?
6. 别忘了涂一些药膏来止痒!

---

199 超级嗅觉

仅凭嗅觉你能存活吗?

科学原理是什么?

很多物种依靠嗅觉或对振动的感知来寻找食物,比如蚂蚁。蚂蚁生活在地下,因为地下很黑,所以它们无法依靠视觉。其他主要依靠嗅觉觅食的动物有鼹鼠和狗。

材料:

· 眼罩
· 不同种类的食物

步骤:

1. 让你的同伴蒙住你的眼睛。
2. 让他们将不同的食物摆放在房间的不同位置。
3. 在房间里行走,借助你的手和鼻子,看看是否能找到食物。如果你找到了食物,拿起来看看是否能辨别它们。

200

蚂蚁来啦!

分享零食，交朋友!

科学原理是什么?

蚂蚁大多吃含糖的和油腻的食物，它们会外出寻找当季的食物。苹果的糖分会散发出吸引蚂蚁的浓烈香气。如果蚁后正在产卵，工蚁会为她运送高蛋白质的食物。

材料:

· 小片苹果
· 大块面包
· 小片番茄
· 少量糖

步骤:

1. 将不同的食物放在花园或公园的不同位置。
2. 观察哪种食物能吸引更多的蚂蚁。

201

球潮虫的宫殿

遇到一只不是臭虫的"臭虫"!

科学原理是什么?

球潮虫（等足目陆生甲壳动物）其实不是昆虫，它们是甲壳纲动物。仔细观察，你会发现球潮虫和其他甲壳纲动物（比如小龙虾和小虾）很相似。球潮虫通过鳃呼吸，并且在潮湿的环境里才能呼吸。和它们生活在海洋里的亲戚不同的是，它们无法在水下生存，因为它们需要空气中的氧气。

材料:

· 锋利的小刀
· 空的带盖子的苏打水瓶或软饮料瓶
· 土壤
· 枯叶子
· 球潮虫（从外面或者宠物商店里找）
· 塑料保鲜膜
· 胶带
· 食物（小块水果或蔬菜）
· 喷雾瓶

步骤:

1. 用小刀（请成年人帮忙）在瓶身上划一个长与宽分别为5厘米、2.5厘米的小洞，然后把食物放进去。
2. 往瓶底倒入一层土壤，高出瓶底约2.5厘米。向土中加入几片枯树叶。
3. 将瓶子平放，洞口朝上，放入几只球潮虫。
4. 你停止给它们喂食时，就用塑料保鲜膜封住洞口，在适当的位置贴好胶带。在瓶身上刺几个小孔，让空气进出。确保小孔的大小不足以让球潮虫穿过。
5. 每天喂球潮虫一些食物。它们最喜欢哪种食物呢？每隔几天，用喷雾瓶往球潮虫的"宫殿"里喷一些水，使瓶内环境保持潮湿。

202
一个
恶作剧

你能捉弄一只蚂蚁吗？试试吧！

科学原理是什么？

　　蚂蚁是出色的导航员。它们随时都知道自己身处哪里以及如何回到蚁窝。科学家们认为，不同种类的蚂蚁通过感知来自地球磁场的微弱信号或太阳的移动来导航。在这个实验里，蚂蚁们也是靠嗅觉来找路的。

材料：

· 蜂蜜或糖浆
· 广口瓶盖
· 饼干
· 其他食物

步骤：

1. 出门寻找蚂蚁。观察它们的行走路线及活动区域。看看它们是不是在两点之间（可能是在蚁窝和食物来源之间）来回移动？

2. 在广口瓶盖中倒一些蜂蜜或糖浆。

3. 把瓶盖放在蚂蚁活动区域外的某个位置。蚂蚁是什么反应呢？记录它们用了多少时间找到蜂蜜或糖浆。

4. 在另一个瓶盖里放一些碎饼干，把瓶盖放在蚂蚁活动区域附近的某个地方。

5. 观察蚂蚁并记录。它们用了多少时间找到饼干？它们会把饼干运回蚁窝吗？用你选择的其他食物再做几次尝试。

6. 你也可以给蚂蚁们设置一些挑战，比如将瓶盖放在一个小土堆上或者在它们行走的路上放置一根木棍或一块石头。

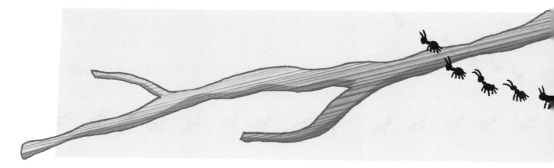

你知道吗？

　　和同体型的其他昆虫相比，蚂蚁的头部最大！

甜蜜的种群

跟着你的鼻子走，它知道所有的答案！

那是苹果派吗？
我的最爱！

科学原理是什么？

　　一个种群里的蚂蚁有不同的分工。工蚁（雌性）负责搜寻食物。它们一旦找到食物，就会返回蚁穴，并在地上留下一串费洛蒙（一种信息素）。其他的工蚁一路循着气味，并在这条路上留下更多费洛蒙，将食物搬运回蚁穴。蚁后是唯一能产卵的蚂蚁，它使这一种群得以延续。雄蚁与蚁后交配，它们不必工作并且寿命很短。工蚁也负责挖洞、维护种群和对抗捕食者。

材料：

- ·橡胶手套
- ·玻璃罐
- ·土壤
- ·水
- ·叶子
- ·铝箔
- ·胶带
- ·蜂蜜
- ·勺子
- ·旧长筒袜
- ·橡皮筋
- ·新鲜水果

步骤：

1. 带上橡胶手套，将玻璃罐装满土壤。给土壤浇少量的水，然后将叶子放在土壤上。
2. 用铝箔将罐身包起来，并在适当的位置用胶带封上。
3. 在勺子里倒入一些蜂蜜，将它和罐子一起拿到室外。将勺子放在地上靠近蚂蚁的位置。等一些蚂蚁爬到勺子上时，轻轻拍打勺子，让蚂蚁和蜂蜜都掉落在叶子上。
4. 将旧长筒袜套在罐口上，并且用橡皮筋绑住罐口。

你知道吗？

　　蚂蚁的腹部有两个胃。其中一个胃用来储存自己吃的食物，另一个用来存放与其他蚂蚁共享的食物。

5. 将你的蚂蚁种群放在远离阳光的阴凉处。
6. 每天用新鲜水果和叶子喂养蚂蚁。确保土壤是潮湿的。
7. 几天之后，移除铝箔，观察罐子里的情况。你会看到蚂蚁在土壤中挖出了很多弯曲的通道。

204

施魔法

在土壤里放一些蚯蚓，使土壤变得松软，成为超级土壤！

科学原理是什么？

蚯蚓通过吃掉它们面前的泥土而在地下挖出通道。泥土随着黏液被蚯蚓排出。这些蚯蚓排出的废弃物与泥土混合形成土块，成为排遗物。排遗物是很好的肥料。很多人用蔬菜和水果碎片喂养蚯蚓，然后用它们的排遗物做肥料给植物施肥。

材料：

· 鹅卵石
· 空蛋黄酱罐子
· 土壤
· 一些蚯蚓（从花园、宠物商店或钓鱼用品店获取）
· 食物碎片（比如水果、蔬菜、咖啡渣、蛋壳等）
· 喷雾瓶
· 水
· 放大镜

步骤：

1. 将鹅卵石放在罐子底部，再倒入一层土壤，约7.5~12.5厘米厚。
2. 将蚯蚓放入罐子。
3. 给蚯蚓喂一些食物碎片，再用土壤将这些碎片覆盖起来。
4. 每天往罐子里喷一些水，再喂蚯蚓一些食物碎片。
5. 观察蚯蚓如何在它们的新家中挖通道。同时，观察蚯蚓如何食用和排泄这些食物残渣。

205

夜视

和人类一样，不同的昆虫也有不同的偏好！

科学原理是什么？

不同的昆虫喜爱的环境各不相同。有些昆虫（如蛾子）喜欢明亮的地方，这些昆虫有"正趋光性"，它们会被光线吸引。有些昆虫具有"负趋光性"，比如蟑螂，它们更喜欢阴暗的地方并且排斥光线。

材料：

· 胶版纸
· 尺子
· 胶带
· 剪刀
· 丝网
· 黑色纸
· 昆虫（比如蟋蟀、苍蝇、甲虫、蠕虫等）

步骤：

1. 将胶版纸卷成直径约7.5厘米的管状。用胶带将纸卷固定住。
2. 根据管口的大小，用剪刀剪出两片丝网。将其中一片粘到管子的一头上。
3. 用黑色纸包裹一半管子，在适当的位置用胶带将纸固定。
4. 收集一些昆虫，并将它们放到管子里。
5. 将另一片丝网粘到管子的另一头上，然后将管子平放在一边。
6. 约半小时检查一次管子。有多少只昆虫在管子中避光的那一边？有多少只在有光的那一边？

206 想象中的昆虫

昆虫让你心烦吗？设计你自己的昆虫吧！

科学原理是什么？

　　昆虫通常体型较小并且有翅膀。它们有保护自身、支撑肌肉的外骨骼。它们的身体分为3部分：头部、胸部、腹部。它们的触须、足部和腿部有触觉感受器。昆虫的饮食差异巨大：它们可能会吃树皮、花粉、水果、树叶、植物的根、种子，有时甚至吃其他昆虫！

材料：

- 旧盒子和大小不同的容器
- 胶带
- 报纸
- 颜料和画笔
- 记号笔
- 装饰品（比如纽扣和冰棒棍）
- 胶水

步骤：

1. 思考你知道的关于昆虫的所有事情，比如身体构造、来伪装的颜色、腿的数量。现在开始设计昆虫吧！
2. 把盒子和容器用胶带粘起来，作为昆虫的身体和头部。
3. 将报纸铺在地上，在上面开始给你的昆虫涂颜色。
4. 等颜料干了之后，用记号笔和其他装饰品来装饰昆虫。

207 树叶爱好者

对虫子们说"祝你好胃口"！

科学原理是什么？

　　昆虫并非都喜欢同样的食物。不同种类的昆虫吃不同种类的叶子。跳甲更喜欢叶菜和小萝卜，千足虫以马铃薯块茎、幼苗和草莓的果实为食，鼻涕虫和蜗牛常常食用藤蔓植物和马铃薯。

材料：

- 3个小罐子
- 3种昆虫
- 不同种类的叶子（每种3片）
- 保鲜膜
- 3根橡皮筋

步骤：

1. 将3种昆虫分别放在3个罐子里，同时投入3片同样的叶子（每个罐子中的叶子相同）。
2. 用保鲜膜封住灌口，在适当的位置用橡皮筋固定。确保保鲜膜上有小孔，能让昆虫呼吸。
3. 将罐子放置几小时。哪种昆虫在吃叶子呢？
4. 换一种叶子，继续分别投入罐子里，重复以上步骤，直到3种叶子都试过一次。昆虫都喜欢一样的叶子吗？

208 飞蛾磁铁

🪶 ☀ 🏠 ✂

帮助飞蛾满足它喜爱甜食的偏好！

科学原理是什么？

飞蛾吃花蜜，也吃多汁的、过熟的果子里的糖分。蛾子通过嗅觉来寻找食物。当蛾子察觉到空气中有适当的化学反应时，它会飞向源头，伸出舌头探寻花蜜。在本实验中，蛾子会被糖和成熟果子的芳香吸引。

材料：

· 糖
· 碗
· 搅拌钵
· 温水
· 勺子
· 成熟的水果片（杏子、桃子或李子）
· 叉子

步骤：

1. 将糖倒入碗中。
2. 加入一点温水，搅拌至大部分糖溶解在水中。
3. 加入水果，一起倒入搅拌钵中，用叉子将水果捣碎。
4. 出门，将混合物涂抹到一些树上。
5. 等到天黑，再次出门，观察你涂抹了混合物的树，看看有什么变化。

---

209 翅膀的奇妙

👫 ☀ ✂

观察蝴蝶和蛾子的差异！

科学原理是什么？

蝴蝶的触角尽头有一个小球，用放大镜看就像一个棉花签。而飞蛾的触角是直的，有些触角上有小绒毛。

材料：

· 蝴蝶和飞蛾
· 捕虫器
· 放大镜

步骤：

1. 捕捉一些飞蛾和蝴蝶。你或许可以用实验208里制作的混合物来吸引飞蛾。
2. 判断你捕捉的哪些是飞蛾，哪些是蝴蝶。不要看到它有彩色的翅膀，就认为它是蝴蝶！
3. 用放大镜仔细观察它们的触角。你看到了什么？

210 去展示吧

"制作"蝴蝶一生中的 4 个阶段，然后展示它们吧！

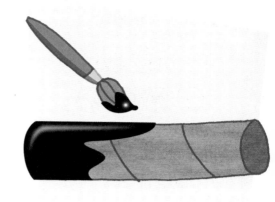

科学原理是什么？

　　一只蝴蝶一生会经历 4 个阶段。最初，成年雌蝴蝶在植物上产卵，随后一只毛虫或幼虫会被孵化出来。它在成长的过程中会吃很多食物，并且会经历几次蜕皮。接着，毛虫会停止进食，转变成蛹或蝶蛹，并用茧裹住自己。蝶蛹会在茧里待上至少两周，在此期间它会长出腿和翅膀。最后，蝶蛹以蝴蝶的形态破茧而出，于是新一轮的循环开始了。

你知道吗？

　　毛虫化为蝴蝶的过程叫"蜕变"。

材料：

· 剪刀
· 空的鸡蛋盒
· 胶水
· 绒球
· 塑料眼睛
· 硬纸管
· 黑涂料
· 画笔
· 厚纸
· 记号笔
· 装饰品（闪粉、小金属片、烟斗通条）

步骤：

1. 用剪刀从空鸡蛋盒上剪出一个小巢。它代表毛虫孵化的卵壳。
2. 将几个绒球排成一列，用胶水粘连，形成毛虫的样子。如果你有塑料眼睛，将它们粘到第一个绒球上。
3. 将硬纸管涂成黑色，使其看起来像茧。
4. 在厚纸上画一只蝴蝶，然后将它剪下来。用闪粉和小金属片装饰蝴蝶，然后将烟斗通条折弯并粘到蝴蝶上，作为蝴蝶的触角。
5. 展示蝴蝶一生的4个阶段。

211 美丽的蝴蝶

材料：

· 橡胶手套
· 大盆子
· 土壤
· 一些小型的开花植物
　（比如三色堇）
· 洒水壶

用花朵吸引蝴蝶，然后观察蝴蝶吸食花蜜！

科学原理是什么？

蝴蝶会被花朵吸引，因为它们从中取食。你会看到它们吸食植物的花蜜。对于蝴蝶来说，花蜜十分香甜。

步骤：

1. 带上橡胶手套，将壶里装满水。
2. 将开花植物种在盆里，每株植物之间留些空隙，便于它们生长。确保所有植物的根都被土壤覆盖。
3. 给植物浇水，然后将盆放在室外有阳光的地方。定期给它们浇水，花儿会吸引很多美丽的蝴蝶。

---

212 神奇的蜕变

材料：

· 水
· 小玻璃罐
· 带叶子的树枝
· 带有玻璃盖的玻璃缸
· 毛虫

见证蝴蝶的生命循环！

科学原理是什么？

蝴蝶的蜕变有 4 个阶段：第一阶段，它们的生命从待孵化的卵开始；第二阶段，它们会孵化成为幼虫，立刻开始进食。幼虫会经历几次蜕皮（换毛）；第三阶段，幼虫脱落最后一层软皮肤后成为蝶蛹，蝶蛹最外一层坚硬的外壳叫茧；第四阶段，在两周或几个月之后（时长取决于蝴蝶种类），有翅膀的蝴蝶会破茧而出。

步骤：

1. 在罐子中倒入1.25厘米深的水，然后放入带叶子的树枝。把它放到玻璃缸里，在玻璃缸中倒入和罐子中同样深度的水。
2. 将毛虫放到树叶上。
3. 将玻璃盖盖牢。这项实验需要花费几周的时间才能完成。因为树叶会被吃完，要定期从同一株植物上摘取新鲜的树叶来替换。毛虫长胖了之后，会制作它们的茧。蝴蝶要破茧而出的时候，茧会开始晃动。
4. 蝴蝶破茧之后，拿开玻璃盖，蝴蝶就能自由地飞翔了。

⭐ 213 吐丝的蚕蛹

本篇介绍有史以来最挑食的动物——蚕蛹！

科学原理是什么？

大多数蛾子都会作茧，但蚕蛹用"唾液"做成单条长线形成茧。幼虫从一颗又小又黑的卵中孵化出来。它以桑叶为食，进食大约一到两个月。幼虫准备"化蛹"之时，会花上 3 天或更长的时间吐丝做成蚕茧，将自己包裹起来。不到 1 个月的时间，成年蛾子就会破茧而出。它死之前会再产卵，5 天之内它的产卵量能达到 500 个！蚕蛹因其蚕茧中含有蚕丝纤维而受到珍视。

材料：

· 剪刀
· 带盖子的鞋盒
· 蚕蛹（可从网上或昆虫店内购买）
· 桑叶（不要使用任何其他的树叶，蚕蛹十分挑食，如果你不用桑叶，它们会饿死）

步骤：

1. 用剪刀在鞋盒盖上戳一些小孔。这些孔不能太大，否则蚕蛹会爬出来！
2. 将蚕蛹和桑叶放入鞋盒，然后将盖子盖上。
3. 等待几周，期间确保你会定期替换桑叶。

⭐ 214 "小黄人"

想象一下，你的嘴里满是小舌头，还长了 1000 颗牙齿！

科学原理是什么？

蜗牛的口中有齿舌，呈坚硬的带状，看起来像是小舌头。齿舌上有一排排牙齿。但是蜗牛并不会咀嚼它们的食物，而是用齿舌去撕扯、磨碎食物。一些蜗牛只有少量的牙齿；另外一些则有上千颗牙齿！

材料：

· 蜗牛（从户外或宠物用品店获取）
· 水槽或大玻璃容器
· 树皮
· 植物的机体部分
· 塑料保鲜膜
· 铅笔或锋利的小刀（用来戳小孔）
· 香蕉皮
· 放大镜

步骤：

1. 将蜗牛放入水槽，然后放入一些蜗牛喜爱的食物，比如树皮或者植物（干湿均可）。
2. 用塑料保鲜膜封住容器口。用铅笔或小刀在保鲜膜上戳一些小孔。在蜗牛进食时仔细观察。
3. 几天后，喂蜗牛一个香蕉皮。用放大镜仔细观察它如何进食。你能看到它的齿舌和牙齿吗？

稳扎稳打

举行蜗牛赛跑！

科学原理是什么？

蜗牛通过收缩和伸展足部四处移动，移动时的形态呈波状。蜗牛的足部有一种又长又平的肌肉器官。移动时，蜗牛会在身下的地面上留下湿滑的黏液，这能帮助它们移动。

最后的

材料：

· 小石头
· 1只或更多蜗牛
· 手表或秒表
· 卷尺
· 笔和纸
· 计算器

步骤：

1. 将石头放在地上，作为蜗牛出发地的标记。
2. 将蜗牛放在石头旁，开始计时。
3. 两分钟后，用卷尺测量蜗牛从石头那里开始走了多远。用笔记录下来。
4. 用计算器将测量结果乘以30算出蜗牛每小时走多远。
5. 如果你有更多的蜗牛，可以重复这项实验，然后进行比较。其中一些蜗牛是不是走得更快呢？

你知道吗？

一只蜗牛会有一对或两对触角，这取决于它们的种类。蜗牛的眼睛可能长在触角的底部或顶部！

216

超强实力

谁能猜想到蜗牛其实是超级强大的呢?

科学原理是什么?

令人惊讶的是，蜗牛是超级强大的动物。它们在垂直的表面爬行时，能够拉起比自身重 10 倍的东西。它们在水平面上爬行时，能够拉动比自身重 50 倍的东西!

材料:

· 剪刀
· 空火柴盒托盘
· 15厘米长的棉线
· 1只或更多的蜗牛
· 小石子

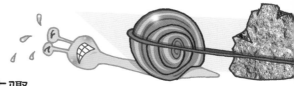

步骤:

1. 用剪刀在火柴盒托盘的每一面上都戳上几个小孔。
2. 将棉线的一头穿过小孔，然后和棉线尾部系在一起，形成环状。
3. 小心翼翼地将环套在蜗牛壳上，这样火柴盒就在蜗牛的身后了。看看蜗牛是否能拉动火柴盒。
4. 现在往火柴盒里加一些小石子，每次加入1粒。看看蜗牛能拉动多少粒石子。

217

扭动的奇迹

继续读下去，看看哪里能找到蠕动的虫子!

科学原理是什么?

蠕虫的种类有很多，包括带虫、扁虫和环虫。蠕虫通常生活在阴暗、潮湿的环境里，这也是大多数蠕虫生活在地下的原因。虽然蠕虫喜欢潮湿，但是本实验中的冰对它们来说太寒冷了。

材料:

· 桌子
· 报纸
· 放在装有土壤的容器里的蠕虫
· 手电筒
· 干土
· 冰块

步骤:

1. 将报纸铺在桌子上，将蠕虫倒在报纸上。
2. 用手电筒照着它们，看看它们如何反应。现在把它们放在干土上，看看会发生什么。最后，把它们放在冰块上。
3. 将蠕虫和土壤倒回容器，看看蠕虫是如何钻到土壤里的。

152

变成蝙蝠

有些动物用听觉来"看"！

科学原理是什么？

蝙蝠是夜行动物。它们通过回声定位在夜间找路。蝙蝠发出声波，声波遇到物体会反弹，它们能通过声波反弹的速度和清晰度来判断物体的位置。蝙蝠甚至能通过回声定位找到半空中的小昆虫！它们耳朵的外部（被称为耳郭）很大并且是弯曲的，这有助于它们更好地采集空气中的振动和声音信息。

材料：

· 眼罩
· 图画用纸
· 剪刀
· 记号笔

步骤：

1. 让一个人蒙住眼睛站在房间中央。
2. 请其他人分散于房间的其他位置。
3. 请每个人轮流发出小而短促的声音，比如"咔嚓"声或口哨声。蒙眼的人能够通过声音来定位吗？他能判断其他人与自己距离的远近吗？
4. 用图画用纸制作一对蝙蝠耳朵。
5. 请蒙眼的人将蝙蝠耳朵放在自己的耳朵旁，再次进行实验。这次，他们听得是否更清楚呢？

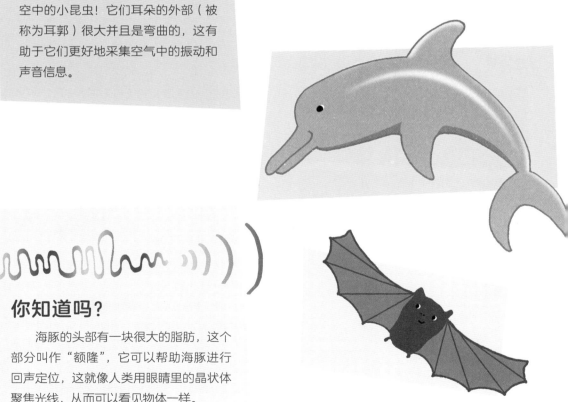

你知道吗？

海豚的头部有一块很大的脂肪，这个部分叫作"额隆"，它可以帮助海豚进行回声定位，这就像人类用眼睛里的晶状体聚焦光线，从而可以看见物体一样。

野兽的盒子

计算生物的数量!

科学原理是什么?

　　一个区域内存在的生物种类取决于生物靠近什么地方生活。靠近河流或在树荫下生活的生物将与在阳光明媚的青草地上的生物大不相同。更广泛来说,在不同气候下生活的动物对环境的适应程度也不尽相同。比如,湿冷地区的动物也许能够隔绝热量,而干热地区的动物也许能够储水。

材料:

· 米尺
· 小木棍
· 绳子
· 放大镜
· 笔记本和铅笔

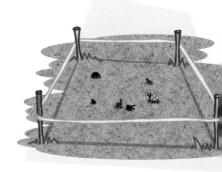

步骤:

1. 在户外找一片空地,用尺子量出一个正方形。在正方形的4角插入小木棍做标记。
2. 将绳子绕过各个木棍,制作出这块方地的边界线。
3. 坐在方地外,用放大镜观察方地里的小生物。把你看到的记下来。
4. 在另一片区域圈出另一块方地,对比两块地里的生物。它们有何不同?

蝌蚪小贴士

观察蝌蚪长成青蛙的过程真有趣!

科学原理是什么?

　　幼年青蛙以蝌蚪的形态开始生长,蝌蚪有长长的尾巴、鳍和用来过滤水中氧气的腮。在蝌蚪长成青蛙的过程中,它们的身体会发生变化:它们会脱落尾巴,开始长出腿部;慢慢长出封闭的能够聚集空气中的氧气的肺部。不久之后,它们就能跳跃了!青蛙的两种呼吸方式都能将氧气吸入体内进入循环系统,这一循环系统再将氧气输送至体内的细胞。

材料:

· 池塘水和一些池塘植物(要先得到许可!不要使用水龙头流出的水。)
· 蝌蚪(可以从池塘或宠物商店获得)
· 大的透明塑料容器或带盖子的玻璃缸
· 大木棒
· 生菜

步骤:

1. 将池塘水和蝌蚪倒入容器,放入池塘植物。将木棒斜靠在容器里,一端伸出水面,但不要超出容器(青蛙可以坐在木棍上)。
2. 覆盖容器的顶部,留出一些缝隙,以供蝌蚪呼吸。
3. 将生菜叶子作为食物放入容器。(注:记得拿出没吃完的叶子,防止它们腐烂引起水质问题。)在接下来的几周内,观察蝌蚪如何成长为青蛙。
4. 将青蛙放生,让它们回到池塘。

221 漂亮的池塘

创造一个你自己的室内池塘吧!

科学原理是什么?

池塘里有很多种类的微生物。在淡水池塘里,你可以发现很多种类的生物,比如绿藻、阿米巴虫和硅藻。每种生物都有其特性,并且在池塘的生态系统中发挥着重要作用。其中一些生物属于自养生物(如藻类),它们能够自己供给食物;还有一些生物属于异养生物(如阿米巴虫),它们以其他微生物为食。

材料:

· 池塘中的水、泥和植物
　(要先得到许可)
· 带有盖子的大罐子
· 塑料瓶
· 比罐子稍矮一些的木棍
· 放大镜

步骤:

1. 将一些泥放在罐子底部。
2. 小心地拿出池塘植物,把它们种在泥土中。
3. 将半瓶池塘水倒入罐子,使之沿着罐子的内壁流淌下去。
4. 将木棍放入罐子,盖好盖子。
5. 将你的"池塘"放在阴凉处,如果你发现它要干涸了,记得加点水。
6. 使用放大镜观察罐子里生长和移动着的微生物。你能辨认出其中一些微生物吗?

222 去观察鱼吧

你养的鱼有多友善?

科学原理是什么?

鱼的种类有将近 30 000 种。有些是微小的,有些是巨大的。有些生活在深海中,有些生活在浅水中。有些鱼吃其他动物,有些鱼只吃植物。但是,所有的鱼都有着共同的特性:它们都是冷血动物并且有鳍;它们生有脊椎,也就是说它们是脊椎动物;它们用鳍过滤含氧气的水,从而"呼吸"。

材料:

· 装有多种鱼的鱼缸
· 便条纸和笔

步骤:

1. 想一想典型的人类行为。白天的时候,你喜欢做什么?你多久吃一次东西?你多久与人说一次话?
2. 一天之中,以15分钟为时间间隔来观察养鱼缸里的鱼。在便条纸上记录它们在早晨、中午、晚上的活动。是不是有些鱼更喜欢和其他鱼待在一起?而有些鱼则喜欢独自行动?
3. 在参考书中或者上网查阅这些种类的鱼通常喜欢做什么,看看与你的观察是否一致。

223

鸟儿的自助餐

诚挚地邀请你加入鸟儿们的自助餐！

材料：

·铅笔和纸

步骤：

1. 坐在你家后院或者花园里，观察鸟类。
2. 观察它们如何进食。比如，有些鸟会先张开鸟喙，而有些会将喙插进食物里。
3. 在纸上画出鸟喙的形状，并且记录有这种鸟喙的鸟是如何进食的，同时列出这类鸟吃的食物。

科学原理是什么？

鸟有不同形状的喙。鸟喙的形状取决于它们吃的食物。食用种子的鸟类（比如麻雀），长有锥形的鸟喙，这便于它们啄开种子。猛禽类的喙是曲线形的，像碎纸机一样，能够帮助它们将肉撕碎。食用昆虫的啄木鸟，通常长有长长的"凿形"鸟喙——能够钻入木头。蜂鸟长有探针般的喙，帮助它们从花中吸取花蜜。

224

鸟类最好的戏水池

找一找哪些鸟儿最挑食！

材料：

·永久性记号笔
·大型塑料容器（作鸟的浴池用）
·水
·陈面包皮

步骤：

1. 用记号笔来装饰容器。在鸟的浴池上画一些花朵和昆虫，让它在院子里显得更好看。
2. 在容器里装满水。
3. 将面包碎片撒到水中。鸟儿将会食用这些面包碎片。
4. 将容器搬到室外，如果可以的话，把它放到树上（请成年人帮忙）。耐心等待，看看谁会造访？

科学原理是什么？

不同的鸟类有不同的饮食习惯。有些鸟吃昆虫，比如蜂鸟和䴓鸟。有些猛禽以肉为食，比如猫头鹰和鹰。有些水生鸟用它们又长又尖的喙去刺食鱼类，比如鹭和翠鸟。乌鸦几乎什么都吃：水果、昆虫、鱼，甚至其他动物！和人类一样，鸟类也需要喝水、洗澡。对于鸟类来说，保持羽毛的清洁并且在寒冷的天气里维持好的状态是很重要的。保养良好的羽毛能将外部空气和鸟类皮肤隔绝开来。

鸟类手册

这项实验是为鸟儿设计的!

材料:

· 笔记本和铅笔
· 数码相机
· 鸟类指南
· 剪纸簿
· 胶水

步骤:

1. 坐在室外观察鸟类。记录它们的外貌、体型、食物、是否飞行、是否跳跃、是否奔跑。所有这些记录都会帮助你辨认鸟类。
2. 给鸟儿拍照。
3. 将照片打印出来,并和你的观察记录配对。使用鸟类指南来辨认你看到的鸟儿。
4. 将照片粘贴到剪纸簿上,再标记每种鸟儿。

科学原理是什么?

鸟儿的外形各不相同,它们的行为和能力也是不同的。鹳通过拍打下颌骨来交流。蜂鸟用蜘蛛网来编织鸟巢,它们还能向后飞。"水平飞行"(不俯冲的情况下,在一条直线上飞行)时,鸭子和鹅飞得最快。很多海鸟(比如海鸥)的视网膜上有用来过滤阳光的红色油珠。

嗓鸣组曲

你一定听过鸟叫声,但是你知道它们在说什么吗?

材料:

· 小录音机
· 笔记本和铅笔

步骤:

1. 将录音机拿到室外,记录你听到的鸟叫声。记得在听的时候要保持安静,鸟儿的听觉十分敏锐,如果你对它们有干扰,它们或许不会出声。
2. 记下任何你知道的关于鸟儿的事情。这将帮助你记忆哪些鸟儿在鸣叫。
3. 向你的朋友播放录音,看看他是否能识别出一些鸟叫声,这是非常有趣的。

科学原理是什么?

鸟类相互之间歌唱和鸣叫出于不同的原因:警示有捕食者;宣布发现食物来源;宣告领土主权;或者,给潜在的伴侣留下好印象。由于鸟类的叫声十分相似,并且在不同环境下叫声的含义也不同,如果没有特殊的录音设备,那么对我们来说,要探知鸟类鸣叫的含义是很困难的。对于鸟类学家来说,大多数种类的鸟儿有 5 ~ 15 种独特的叫声是可识别的。

227 呼叫我吧

用你甜美的歌声来吸引鸟儿！

材料:
· 吸管
· 剪刀

科学原理是什么？

人类有一个叫作"喉头"的部位。喉头使我们能够歌唱、说话。而鸟类有一个叫作"鸣管"的部位，它由两个喉头组成。拥有两个喉头，意味着鸟儿一次可以发出两种声音，但同时，这也对人类准确地模仿鸟鸣提出挑战！

步骤:

1. 将吸管的一头压平。
2. 用剪刀将压平的那一端剪尖。确保它一定是平的。
3. 将扁平、尖锐的那一端放入口中，用力吹。将会发出有趣的声音。
4. 你也许能注意到，鸟儿正在看着你，并且在想你是哪种鸟！

228 水面滑行艇

有些昆虫能在水面上行走！

科学原理是什么？

水是由分子组成的。分子之间相互吸引，有些分子的吸引力更大。水的表面张力很大，这意味着水表面的分子之间的相互吸引很强，因此在水的表面形成一层"皮肤"。一些动物利用水的表面张力在水上行走，而不会下沉。在它们移动的过程中，水面上会形成凹陷，但不足以穿透这层"皮肤"。在本实验中，水分子之间的吸引力很强，以至于会在你的手中形成滚动的水球。

材料:
· 食用油

步骤:

1. 在一只手上洒几滴食用油，将油抹开。
2. 打开水龙头，让水流过你沾满油的手掌。然后关掉水龙头。你看到了什么？

229 观察生物

欢迎来到潮湿、扭动的世界！

科学原理是什么？

池塘是多种生物的家园。一些生物生活在水下，一些生活在水上，还有些生活在水附近。在你的住所位置，你也许可以看到一些小生物：两栖动物，比如青蛙、蝾螈、火蜥蜴和蟾蜍；无脊椎动物，比如甲虫、水蛭、小龙虾和虾；鱼类或者蛇、龟之类的爬行动物。

你知道吗？

爬行动物将硬壳蛋产在地上。有很多爬行动物多数时间生活在水下。

材料：

· 开罐器
· 空咖啡罐
· 厚胶布
· 透明塑料包装
· 橡皮筋
· 剪刀
· 碗
· 水

步骤：

1. 用开罐器小心地打开罐子两头。
2. 用厚胶布包裹被切割过的边缘，以免受伤。
3. 剪下一块透明塑料纸包住罐子的一头，留出一些部分用来包裹罐子的边缘。
4. 用橡皮筋在适当的位置固定透明塑料纸，修剪多余的部分。
5. 将被塑料纸包裹的一头放入一碗水中，测试你的生物观察器。
6. 拿着你的观察器去附近的池塘，看看你能看到水下的哪些生物？

她做到了！

伊泽贝尔·贝内特

伊泽贝尔博士的父母让她进入商学院学习的时候，她只有16岁。8年后，伊泽贝尔进入悉尼大学动物学组工作。在那里，伊泽贝尔身兼数职——图书管理员、研究助理和秘书。不久之后，伊泽贝尔定期带领学生去澳大利亚赫伦岛和蜥蜴岛上的研究站。伊泽贝尔撰写了10本关于大堡礁和她喜爱的海洋生物的图书。

230

最好的喙

这里的一些关于鸟喙的有趣事实能让你快乐无穷！

科学原理是什么？

通常，从鸟喙的软硬度上能看出它们吃哪种食物。鸟喙偏软的鸟儿通常吃的食物也比较软，比如浆果、水果、昆虫以及一些种子。鸟喙偏硬的鸟儿吃的食物也会硬一些，比如生肉和外壳坚硬的种子。鸟喙偏软的鸟儿通常会吞食食物，而鸟喙偏硬的鸟儿会先撕开或打开食物。

材料：

· 能实现鸟喙用途的一些工具（比如餐钳、镊子、剪刀、钉子、牙签、一把勺子、一个小滤网）
· 小块的食物（比如带壳坚果、生米、棉花糖、芝士块、虫虫橡皮糖或蛇形橡皮糖）

步骤：

1. 去后院或者公园做这项实验。带上所有的工具和小块食物。
2. 看看你能用这些工具拾起什么？尝试着用工具去拾起你带的小块食物以及一切你能找到的小物体，比如种子、叶子、野莓（不要吃它们）、泥块、小树枝、苔藓。
3. 试着用每种"鸟喙"将这些种子和浆果砸开。看看你是否砸得动。
4. 记下你用每种"鸟喙"能拾取的东西，列出清单。哪种"鸟喙"能最有效地砸开不同类型的东西？

231

听，是小狗！

仔细听！狗的听力惊人！

科学原理是什么？

狗的听力极好。它们能先于人类听到声音，甚至有时能听到人类听不到的声音。因此，人们用看门犬来保卫自己。狗会朝各个方向移动耳朵，这能帮助它们聚焦特定的声音。

材料：

· 眼罩

步骤：

1. 用眼罩蒙住双眼。
2. 请你的小伙伴或者和你一起玩的人藏在房间的各个角落。
3. 每个人要发出轻微的声音来帮助你找到他们。当你靠近他们的时候，他们也可以移动到别的地方。看看你能不能抓到每个人。
4. 再玩一次这个游戏，但是这次，躲起来的人口中不发出任何声音。试试看，你能不能听到他们走动的脚步声。

多么 美味啊!

来一场5种味觉之旅吧!

材料:

- 5个杯子
- 水（每杯6茶匙水）
- 1/4茶匙糖
- 勺子
- 钢笔或铅笔
- 不干胶标签
- 1/4茶匙盐
- 1/4茶匙白醋
- 1/4茶匙柠檬汁
- 1/4茶匙现泡茶（请成年人帮忙泡茶，因为会用到热水）
- 纸巾
- 酱油（如果可以的话，使用低盐酱油）
- 滴管

科学原理是什么?

舌头是主要的味觉器官。舌头表面布满了成千上万个微小的味蕾。味蕾会告诉你，食物或饮料是苦的、咸的、酸的、甜的还是可口的。近些年来，鲜味被列入味觉之中，肉类、海鲜、蔬菜和乳制品中都含有这种鲜味。鲜味可以被描述为一种令人愉悦的、可口的、丰富的、口感香醇的味道，它能与其他几种味道完美地融合在一起。硬质奶酪（比如帕尔玛干酪）、咸肉和亚洲鱼酱都是鲜味食物的代表。

步骤:

1. 将水倒入第一个杯子，加入糖，搅拌至融化。给这杯水贴上"甜味"的标签。
2. 将水倒入第二个杯子，加入盐，搅拌至融化。给这杯水贴上"咸味"的标签。
3. 将白醋和柠檬汁混合，倒入第三个杯子。贴上"酸味"的标签。
4. 将茶水倒入第四个杯子。贴上"苦味"的标签。
5. 请朋友或家人伸出舌头。用纸巾擦干舌头。
6. 将水倒入第五个杯子，加入几滴酱油。贴上"鲜味"的标签。
7. 使用滴管分别吸取每种混合物，滴在朋友或家人的舌头上。不同味道的测试之间用水漱口清洁口腔。
8. 他们能尝出不同的味道吗?

你知道吗?

兔子味蕾的数量是人类的两倍。鸟类的味蕾不多，也许这就是它们不挑食的原因。蛇和鳄鱼不用舌头来品尝食物，它们用口腔顶部品尝食物的味道。许多鱼类用嘴和鳍来品尝食物。一些鱼甚至可以用尾巴来品尝!

233 "汪汪"叫

狗喜欢哪种味道？

科学原理是什么？

　　和人类一样，狗的味觉和嗅觉是紧密联系的。狗的味蕾聚集在舌尖部分。与人类相同，狗对苦味、咸味、酸味、甜味和鲜味也很熟悉，但它们的味觉不如人类灵敏。事实上，狗的味蕾数量只有人类的 1/6。

材料：

· 狗
· 不同味道（苦、咸、酸、甜、鲜）的食物（确保食物对于狗来说是安全的）

步骤：

1. 画一张表格，横行写上你给狗喂食的时间，竖列写上你用来实验的食物名称。确保每天测试一种味道——苦、咸、酸、甜、鲜的食物。
2. 观察狗对每类食物的反应，记录在表格里。
3. 一周后，检查结果。狗对哪种味道反应最积极？
4. 如果可以的话，多选几条狗进行试验，然后对比数据！

234 嗅觉会告诉你

毋庸置疑，鲨鱼是出色的捕食者！

科学原理是什么？

　　鲨鱼惊人的嗅觉能帮助它们捕食猎物。鲨鱼的鼻子下有一对鼻孔，水和嗅觉信息会流过鼻孔。鲨鱼的鼻孔不用于呼吸，它们的实际功能是将嗅觉信息传递到大脑。

材料：

· 3个大饮用玻璃杯
· 不干胶标签
· 记号笔
· 量杯
· 水
· 香水或精油（比如薰衣草精油）

步骤：

1. 在玻璃杯上分别贴上"10滴""5滴"和"1滴"的标签。
2. 在每个大玻璃杯里加入两杯水。
3. 在贴有"10滴"标签的玻璃杯里滴入10滴香水。同样，在另外两个玻璃杯中分别滴入5滴和1滴香水。
4. 小心地摇晃玻璃杯，让香水和水混合。
5. 现在闻一闻每个玻璃杯。哪个杯子的水香味最浓？

235 这就对了！

这项关于猫的实验非常有趣！

科学原理是什么？

很多人不是左撇子就是右撇子，这取决于他们的大脑如何运转。直到最近，科学家才发现动物使用爪子也有倾向性。他们认为，有些动物（包括猴子在内）在特定的情形下更倾向于用某一只爪子。

材料：

· 两张纸
· 钢笔或铅笔
· 猫
· 线

你知道吗？

与人类不同，猫的身上没有汗腺，它们通过爪子排汗！

步骤：

1. 在一张纸上画一个分为两栏的表格。两栏中分别写上"左"和"右"。
2. 仔细研究猫在室内、外的行为。它使用哪只爪子？什么时候使用？你看到它用哪只爪子，就在"左"栏或"右"栏上画勾。
3. 用一根线逗猫玩，它是伸出一只爪子还是两只爪子来扑这根线呢？
4. 用力地揉另一张纸，发出声音。将纸球扔出去，让猫去追赶它。它用哪只爪子来抓球呢？
5. 跟踪记录猫什么时候用左右爪以及多久用一次。你觉得它是习惯用左爪还是习惯用右爪呢？
6. 如果可以的话，用另一只猫做同样的实验。

236 看起来不错

动物是如何观察世界的呢?

科学原理是什么?

　　人类具有"立体视觉"。双眼能看到同一个物体。但由于双眼之间有微小的距离差，两只眼睛看到的物体有细微的不同。有些动物的眼睛长在头部两侧，比如兔子，这为它们提供了开阔的视野。有些鸟类不转头就能进行360度的环视！有些捕食猎物的动物（比如鹰和狼）通过立体视觉来缩小视野、聚焦猎物。

材料:

· 两个玻璃杯
· 桌子

步骤:

1. 将玻璃杯放在你面前的桌上。其中一个玻璃杯距离你30厘米远，另一个玻璃杯距离你90厘米远。
2. 将你的下巴靠在桌上，使两个玻璃杯正对着你。
3. 闭上一只眼睛，观察前方的玻璃杯。接着闭上另一只眼睛，观察前方的玻璃杯。用单眼观察和用双眼观察有何不同呢?

237 猫的食物

用这份美食来款待你的猫吧!

科学原理是什么?

　　事实上，猫草是由小麦粒种子长成的植物。家猫食用猫草来助消化，这种草中含有粗纤维，可以帮助分解毛粪石。野猫吃一些食草动物来获得同样的粗纤维。

材料:

· 两勺小麦粒种子
· 碗
· 水（室温）
· 容器
· 土壤
· 塑料保鲜膜

步骤:

1. 将小麦粒种子倒入碗中，再倒入水，淹没种子。浸泡种子7小时。
2. 将容器装满土壤，将湿种子洒在土壤上。用塑料保鲜膜封住容器口。
3. 将容器放在阴暗的房间或者壁橱里。每日检查，确保土壤保持潮湿。
4. 种子开始发芽时，将容器移到有阳光的地方，揭开保鲜膜。放置1周左右，观察猫草的生长过程！

238 鲸脂伙伴

鲸脂就像一层超级脂肪!

科学原理是什么?

　　鲸脂是鲸和海豹这类海洋哺乳动物外层皮肤中的一层厚脂肪。它就像一个热绝缘体，能够通过吸收或保存热量来维持热度或冷度。在体形较大的鲸身上，鲸脂的厚度可以达到50厘米! 它能锁住动物体内热量，防止寒冷的海水影响体内组织。在本实验中，起酥油或猪油就像鲸脂一样，能够阻止热量在水中散发。

材料:

· 水（温水和冷水）
· 两个桶（其中一个桶要小到能够放入另一个桶中）
· 温度计
· 软化的植物起酥油或猪油
· 两个大塑料袋

步骤:

1. 将温水倒入小桶中，然后将小桶放入大桶中。
2. 用很冷的水装满大桶。大桶中的冷水需要将小桶包围。
3. 每10分钟用温度计测量小桶中水的温度，它冷却下来要多久?
4. 重复步骤1，但这次，将小桶放在一个塑料袋里，将植物起酥油放在另一个塑料袋中，然后将裹着塑料袋的小桶放入起酥油中。
5. 现在，再将小桶放在大桶的冷水中。
6. 测量小桶中水的温度，看看温度的变化速度是否和第一次试验时一样?

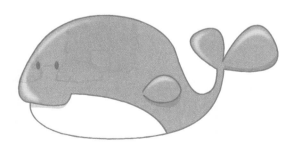

你知道吗?

　　幼鲸出生时鲸脂较少，所以喂养它们的母乳里脂肪的含量非常高!

239 那是条很棒的围巾

动物们有用来防御极端天气的皮毛!

科学原理是什么?

　　动物们有各种各样的绝缘体,用来抵御居住环境的严寒或炎热。这些绝缘体可以是皮毛、羽毛或脂肪。一些绝缘体可以保存热量,另一些可以传导热量。鸟的羽绒之间空隙很小,能够留住暖空气,在靠近皮层的地方形成保暖层,帮助鸟类御寒。

你知道吗?

　　在北极做研究的科学家们身着的服装有很多层——有时能达到 7 层。这些多层的服装能够保护人的肌肤免受极地气候的伤害。

材料:

- · 4到5个小罐子(比如婴幼儿罐头)
- · 4到5块废料(比如牛仔布、箔、毛毡或棉布,每块都要足够大,能够覆盖罐子)
- · 4到5根橡皮筋
- · 温水
- · 温度计
- · 笔记本和钢笔

步骤:

1. 在每个罐子中装满温水,用温度计测量每个罐子中水的温度,在笔记本上记录温度。

2. 用废料盖住每个罐子,就像给它穿上一件外套一样。用橡皮筋固定罐子上覆盖的废料。

3. 在30分钟内,每隔5分钟测一次每个罐子里水的温度。哪个罐子中的水冷却得更快?哪种材料的保温效果最好?

六、混合在一起

化学

240 碱的去污效果

用旧肥皂制作一个新肥皂！

材料：

· 擦菜器
· 肥皂的边角料（大约1/4罐）
· 炖锅
· 1～2茶匙水
· 大勺子
· 食用色素
· 滚轴或饼切

步骤：

1. 将肥皂片磨成小碎片。
2. 将肥皂碎片和水倒入炖锅。
3. 将炖锅放在火炉上用小火加热，搅拌混合物直至糊状。
4. 放入3滴食用色素，进行搅拌。
5. 关上火，让肥皂冷却。在它还温热（摸起来不烫）、柔软的时候，将它卷成球状，再将其压成饼状，或者用饼切给它塑造一个特殊的形状。
6. 现在将肥皂放在一边，让它冷却直到变硬。肥皂硬化成型之后，就可以使用了！

科学原理是什么？

一些化学物质呈酸性或碱性。酸性物质富含氢离子；碱性物质缺乏氢离子。酸性溶液通常尝起来是酸的；碱性溶液一般尝起来是苦的。酸碱混合后，形成盐和水。制作肥皂，要先将脂肪酸和碱性物质（碱性溶液）混合。液态肥皂可能是碱性或中性的。固态肥皂含有一些碱渣，有可能会在加工过程中变成中性。碱性物质（比如肥皂）通常是有效的清洁品。

241 明亮的泡泡

制作你独有的泡泡浴！

材料：

· 1杯净发/去头屑洗发水
· 1杯半热水
· 中号碗
· 大勺子
· 半茶匙盐
· 食用色素
· 大瓶子或罐子

科学原理是什么？

分子由两个或两个以上的原子结合而成。相比于在冷水中，分子在热水中的移动速度更快。因此，食用色素在你的泡泡浴中扩散、溶解得很快。如果你用冷水重复这项实验，你会发现食用色素在冷水中溶解的速度会变曼很多。

步骤：

1. 将洗发水和水在碗中混合。
2. 倒入盐，直到溶剂变稠。
3. 加入几滴食用色素搅拌。
4. 将泡泡浴的溶剂倒入瓶子或罐子。
5. 观察色素的溶解速度。

pH测试准备

肥皂不只有颜色和香味!

科学原理是什么?

不同的液体肥皂的 pH 也不同。pH 指肥皂中含有氢或氢离子的数量。pH 高的肥皂是碱性的,pH 低的肥皂是酸性的,pH 为 7 的肥皂是中性的。试纸可用于检测物质的酸碱性。试纸会随着肥皂 pH 的变化而变色。

材料:

- 1个紫甘蓝
- 搅拌器
- 水
- 中号碗(微波炉用)
- 小碗
- 两片咖啡滤纸
- 剪刀
- 杯子
- 用于实验的液体(清洁剂、洗手液、金缕梅酊剂、润肤露)

步骤:

1. 将紫甘蓝放入搅拌机搅碎,如有需要,加入一些水。
2. 将搅碎的紫甘蓝倒入中号碗,放入微波炉低温加热20秒。间隔10秒后,继续加热,直至紫甘蓝上有蒸汽冒出。
3. 将碗拿出微波炉(小心,它会很烫!),放置一边冷却15分钟。
4. 将咖啡滤纸放在小碗上,将紫甘蓝倒入,等待紫甘蓝汁全部流入碗中。扔掉留有紫甘蓝渣子的滤纸。
5. 将第二片咖啡滤纸放在有紫甘蓝汁的碗中浸泡。然后拿出滤纸,放置一天晾干。
6. 将浸泡过的滤纸剪成条状。
7. 将不同的实验液体倒入小杯子。
8. 制作一个表格,标明每种液体的pH(可以在标签上看到),记录你将滤纸条浸入每种液体时滤纸条的颜色变化。
9. 哪种颜色与碱性物质对应?哪种颜色与酸性物质对应?

你知道吗?

液体皂通常比固体皂的 pH 低!

243 制作肥皂

将草莓与牛奶结合用于护肤，有惊人的效果！

科学原理是什么？

大多数肥皂是在特定的脂肪和碱结合产生的化学反应中制成的。这一过程被称为"皂化反应"。在本项试验中，你可以将碱性肥皂和含有脂肪的牛奶混合。通过皂化反应生成的肥皂的 pH 在 8 到 11 之间。

材料：

· 110克无香皂
· 擦菜器
· 水
· 杯子
· 炖锅
· 耐热碗
· 1/4杯奶粉
· 勺子
· 耐热套垫
· 红色食用色素
· 草莓精油
· 香草精
· 肥皂或者糖果模型

步骤：

1. 将肥皂磨成碎片。
2. 请成年人帮忙，将炖锅放在火炉上，倒入2杯水，煮沸。
3. 将耐热碗放在炖锅上。确保它放稳不会滑落。
4. 将碎肥皂片、全脂奶粉、1/4杯水倒入碗中混合，搅拌它直至呈液体。
5. 用耐热套垫拿开碗，放在一边冷却。
6. 等它冷却之后，加入几滴食用色素、草莓精油和香草精。
7. 将混合物倒入肥皂模型中。静置1天以上的时间，然后再去移动它。

你知道吗？

大多数人的皮肤 pH 在 4.5 到 5.5 之间，呈弱酸性。而皂化肥皂的 pH 是 8 或者更高，它们对于大多数皮肤来说太干了。

244 为乳木果欢呼

皮肤干燥？乳木果来帮忙！

科学原理是什么？

　　肥皂通常是由甘油三酯制成的——油和脂肪。有时，为了产生不同的功效，人们会加入一些其他的脂肪，比如乳木果油、棕榈仁油、棉籽油、可可油。它们能帮助调节肌肤状态。

材料：

- 两杯水
- 炖锅
- 耐热的碗
- 110克乳木果油融化再制的皂基
- 1茶匙细磨燕麦片
- 半茶匙玫瑰花瓣粉
- 红色食用色素
- 隔热手套
- 玫瑰精油
- 夷兰油
- 勺子
- 肥皂或糖果模型

你知道吗？

　　如果你在本配方中使用乳木果以外的脂肪种类，那么肥皂看上去和摸起来都会不一样。

步骤：

1. 在成年人的帮助下，用火炉将炖锅里的水煮沸。
2. 将耐热碗放在炖锅盖子上。确保放稳，不会滑落。
3. 加热至碗中的乳木果皂基融化，然后加入燕麦片、玫瑰花瓣粉和食用色素。不时地搅拌一下，使它们融合在一起。
4. 使用隔热手套拿开碗，放置一边冷却。
5. 将几种精油滴入碗中，充分搅拌。
6. 将肥皂混合物倒入肥皂模型。将肥皂放置至少一整天，然后再移动它们。

★ 245 舒缓而光滑

带有蜂蜜香的泡泡，还有比这更奢侈的吗？

材料：

· 两茶匙蜂蜜
· 两茶匙鲜柠檬或西柚汁
· 两茶匙泡泡浴液
· 小碗
· 勺子
· 浴缸
· pH试纸（大多数药店有售，或者使用实验242中的紫甘蓝试纸）

步骤：

1. 慢慢将蜂蜜、果汁和泡泡浴液倒入小碗中混合。
2. 打开浴缸的热水龙头，将混合物倒入浴缸的热水中，直至倒完。
3. 当浴缸中的水量到3/4时，用pH试纸测水的酸碱性。它是酸性还是碱性的呢？

科学原理是什么？

用清新的混合浴液来做酸碱实验吧。由于泡泡浴液中通常会添加强碱性物质，因此它是碱性的。大部分柑橘类水果含有一种叫柠檬酸的弱酸性物质。如果你将二者同时加入水中，你会创造出一种酸性、碱性或中性的物质。用试纸可以观测出溶液的 pH。碱性的泡泡浴液会克制住酸性的柠檬汁吗？试试看！

★ 246 矿泉浴

几百年来，人们使用泻盐来护理干燥、受损的肌肤！

材料：

· 浴缸
· 1杯泻盐

步骤：

1. 在浴缸中放入热水。水流动的时候，用手揉搓泻盐。
2. 在浴缸中静坐15分钟，感受泻盐对肌肤的完美呵护！

科学原理是什么？

泻盐与食盐是不同的！它是镁和硫酸盐的无机化合物。我们的肌肤能很快地吸收镁，并且它对我们的健康也有好处。镁还具有消炎的作用，对于肌肉和神经也有好处。

你知道吗？

氯化钠是最常见的盐。我们称它为"食盐"。

247 彩虹显示条

制作一个显示 pH 的彩虹条！

科学原理是什么？

科学家使用加工过的纸——试纸来检查物质的酸碱度。比色刻度尺用来显示数值范围为 0 到 14 的 pH。试纸的颜色会随着 pH 变化而变化。

材料：

- 纸
- 尺子
- 记号笔
- 蜡笔或不同颜色的铅笔

步骤：

1. 用尺子在纸上画一条线，然后将其分为15等份。
2. 用不同颜色的铅笔分别涂满15个格子，每个格子的序号、颜色及其对应酸碱度的物质如下：

0 深红 = 电瓶溶液

1 淡红 = 胃酸

2 粉色 = 柠檬汁、白醋

3 橘色 = 橙汁

4 桃红 = 番茄汁

5 黄色 = 清咖啡

6 淡黄 = 牛奶

7 绿色 = 中性淡水

8 淡绿 = 小苏打

9 青色 = 牙膏

10 淡蓝 = 解酸药片

11 蓝绿 = 家用氨

12 中蓝 = 肥皂水

13 藏青 = 漂白剂

14 深蓝 = 通渠水或苛性钠

你知道吗？

微生物能通过产生乳酸或氨之类的酸碱物质而使液体呈酸性或碱性。

248 告别干燥肌肤

试试在洗澡时使用燕麦吧！

科学原理是什么？

当热水与燕麦或麸皮混合时，谷物会吸收水分，从而膨胀。水分在蒸发的过程中，会由液体变为气体。

材料：

· 1杯半干燕麦
· 1杯半干麸皮
· 小碗
· 4/3杯热水
· 勺子
· 厨房秤

步骤：

1. 将燕麦和麸皮混合倒入小碗中。
2. 在搅拌的过程中慢慢加入热水，直到燕麦和麸皮变湿但不要太粘。
3. 称一下碗的重量，然后将其放置一边，过一夜。第二天早晨再次称重。它的重量有变化吗？
4. 你可以在洗澡时使用丝瓜络或面巾的混合物来擦洗身体。擦1分钟左右，这样有助于去除死皮。

249 如丝般的肌肤

用这个身体磨砂膏来给皮肤做一次"大扫除"吧！

科学原理是什么？

很多油性物质具有有效的润肤作用，它们能够防止水分从肌肤中流失。它们能减少水分蒸发，增加肌肤的含水量。在这个磨砂膏中，海盐能擦除死皮，而油能防止肌肤水分流失。

材料：

· 3茶匙海盐（如果倾向于柔和一些的磨砂膏，就用糖代替盐）
· 1茶匙杏仁油
· 1茶匙橄榄油
· 碗
· 勺子
· 1茶匙薄荷油
· 小罐子或塑料容器

警告：
因为本实验中需使用杏仁油，在操作时坚果过敏者可能会有过敏反应！

步骤：

1. 将海盐、杏仁油和橄榄油倒入碗中，搅拌至糊状。
2. 加入3滴薄荷油，再次搅拌。
3. 将混合物放入罐子或容器。
4. 将其作为磨砂膏用来擦拭皮肤，然后洗净。

250 沐浴泡泡弹

下次沐浴时多加点泡泡!

科学原理是什么?

柠檬酸在很多家用清洁用品中是有效的清洁剂。浴盐中的柠檬酸能够洗去灰尘和污垢。小苏打则发挥研磨料的作用。由于酸碱会发生反应,将二者一起放入温水中,则会产生泡泡。这是由于化学反应会释放二氧化碳,形成你看到的泡泡。

她做到了!

C.J.沃克夫人
美国

材料:

- 半杯柠檬酸粉(也叫酸味盐,它和常规盐不同。大多数药店、保健品店或超市有售。)
- 1杯小苏打
- 勺子
- 小碗
- 食用色素
- 香油
- 半杯金缕梅
- 喷雾瓶
- 模具(圆顶形最佳)
- 浴室

步骤:

1. 将柠檬酸和小苏打混合。确保它们充分混合在一起,否则你的泡泡弹会有碎粒。
2. 在小碗中加入几滴食用色素和香油,混合后加入柠檬酸和小苏打。
3. 将金缕梅倒入喷雾瓶。一只手往混合物中喷,另一只手搅拌。(这一步会有些麻烦,你可以请朋友帮忙!)混合物会很快变干,所以你要搅拌得快一些。
4. 当混合物开始变硬时,快速将其移入模具中,然后放置1小时。
5. 将泡泡弹从模具中拿出来,然后风干6小时。
6. 开始沐浴吧,放入一颗泡泡弹,看看会发生什么?

C.J. 沃克夫人出生于 1867 年,原名为萨拉·布里德洛夫。她的父母在她6 岁时去世了,从此她成了孤儿。20 岁时,萨拉结婚生子,之后却失去了丈夫。不久之后,萨拉发现她因为一种当时常见的头皮病脱发严重。随后,她发明出一种能促进头发再生的产品。她的朋友和家人对产品的功效感到很惊奇,于是从萨拉那里拿了一些产品回去使用。一传十,十传百,不久之后,萨拉的产品就以"C.J. 沃克夫人"这一商品名称出售。不久后,她就成了亿万富翁。

251 酸性测试

柠檬很小，但它们的能量很大！

科学原理是什么？

将锌片和铜片插入柠檬，通过连接外电路，柠檬能够产生电力。锌片相当于阳极，它会与柠檬酸反应，使其带有负电荷。它产生的负电荷电子朝阴极（即铜片）流动，会使铜片带有正电荷。电子被带有正电荷的铜片吸引而向其移动，产生电子流，电子流将化学反应的能量转变为电能。

材料：

- 两个柠檬
- 两个锌片
- 两个铜片
- 镊子
- 绝缘线
- 9伏的发光二极管

步骤：

1. 将一个柠檬放在桌上，将铜片插到柠檬的一端，然后将锌片插到柠檬的另一端。
2. 在另一个柠檬上重复以上步骤。
3. 用镊子夹取两段20厘米长的绝缘线。将其中一条线剪成两段，将电线两头的绝缘材料剪除，这样就可以看到两端内部的电线。
4. 将长线的一端接到发光二极管接头处，另一端接到柠檬中的锌片上。
5. 将其中一条短线的一端接到同一个柠檬的铜片上，另一端接到另一个柠檬的锌片上。
6. 拿住最后一条线的绝缘部分，将其一端接到剩下的那片铜片上，另一端接入发光二极管的另一个接头处。

你知道吗？

早期的欧洲人使用柠檬清新口气、驱逐飞蛾！

252

快乐可可

有些脂肪要避免摄入，但也有一些脂肪对人体有好处！

科学原理是什么？

保湿剂里的可可油和杏仁油都是脂肪酸。脂肪酸是食物中脂肪的基本构成要素。脂肪酸帮助我们储存并产生能量。将它涂在肌肤上，能够消肿和保留基本水分。

材料：

· 擦菜器
· 1/4杯蜂蜡
· 1/4杯可可油
· 耐热碗
· 炖锅
· 水
· 1茶匙杏仁油
· 隔热套垫
· 带有密封盖子的罐子

警告：

因为本实验中需要使用杏仁油，在操作时坚果过敏者可能会有过敏反应！

你知道吗？

亚麻仁、胡桃、虾、金枪鱼、南瓜都是富含 ω-3 脂肪酸的食物。日常饮食中，脂肪酸含量少的人皮肤易干裂。

步骤：

1. 用擦菜器将蜂蜡和可可油磨碎，放入耐热碗。
2. 在炖锅里倒入两杯水，加热。
3. 将耐热碗放在炖锅盖子上，确保它放稳。搅拌蜂蜡和可可油，直到它们融化。
4. 加入杏仁油搅拌。
5. 用隔热套垫拿开碗，放在一边冷却。
6. 将制好的可可霜倒入罐子，你的肌肤需要保湿护理时就可以使用它了！

253 巧克力天堂

(人) (家) (剪刀)

巧克力不但美味，手感也不错呢！

科学原理是什么？

　　巧克力的一种主要原料是糖。由于糖能提供能量，它对所有的生物来说都是最重要的物质之一。它是最基本的细胞"食物"或燃料。本实验中，红糖将发挥剥离素的作用（能够使死皮脱落，可可油则作为保湿剂使用）。

材料：

· 两茶匙巧克力牛奶
· 1茶匙巧克力糖浆
· 半杯蜂蜜
· 两勺红糖
· 中号碗
· 勺子

步骤：

1. 将巧克力牛奶、糖浆、蜂蜜和红糖放入碗中，搅拌使其混合。
2. 取1到2块混合物涂在肌肤上。在洗掉它之前尽情享受巧克力的香味吧！

254 肌肤科学

(人) (太阳) (家) (剪刀)

保护肌肤不被烈日灼伤！

科学原理是什么？

　　防晒霜能够保护我们的肌肤不受紫外线的伤害。防晒霜的防晒系数取决于它阻隔紫外线的化学效力。将防晒霜涂在肌肤上，防晒霜中的阻断剂能够吸收高能紫外线，然后释放出低能紫外线。它能将紫外线隔离在皮肤外，防止被晒伤和产生长期的皮肤问题。这些阻断剂通常是由氧化锌和氧化钛构成的。

材料：

· 变色材料（比如日光变色布、日光纸或变色珠）
· 透明有机玻璃或塑料
· 2～3种防晒系数不同的防晒霜

步骤：

1. 在阴凉处，将变色材料放在有机玻璃或塑料下。
2. 将每种防晒霜挤出一团，放在有机玻璃上。在玻璃上留出一块没有防晒霜的地方。
3. 将所有的材料移到有阳光的地方。
4. 10分钟后，将玻璃上的防晒霜擦除，观察玻璃下的变色材料。变色材料变色了吗？防晒霜发挥了多大的作用呢？

255 最爱的手指

乳木果对干燥、发黄的指甲是完美的解药！

科学原理是什么？

乳木果是非洲的酪脂树上的坚果。它可以食用，但是大多被用在霜和药膏里。乳木果大多是非皂化的，这意味着它不能与碱性物质反应产出肥皂。乳木果是有效的保湿剂、润肤霜和湿润剂。将它涂在肌肤上时，它会融化，然后被肌肤迅速吸收。

材料：

· 乳木果霜
· 柔软的棉手套

步骤：

1. 检查你的指甲状况。它们是否干燥？是否健康？它们是什么颜色的？它们摸起来是顺滑的还是锯齿状的、凹凸不平的？
2. 一个星期内，坚持每天临睡前在指甲和手上涂一些乳木果霜，然后戴上棉手套。
3. 早晨起床，摘下手套。
4. 一个星期之后，再次检查指甲的状况。它们有变化吗？

256 秀出你的指甲

按照本实验中简单的步骤做，让你的指甲亮起来！

科学原理是什么？

小苏打的学名是碳酸氢钠，它的化学式是$NaHCO_3$。小苏打是一种发酵剂，因此它被用于很多焙烤食品的加工过程中。它能产生二氧化碳，使糊状物和面团膨胀。在本实验中，小苏打发挥研磨料的作用，研磨料是一种用来使粗糙的物体表面变得光亮的原料。

材料：

· 柠檬
· 小碗
· 肥皂
· 润肤膏
· 小苏打
· 棉签

步骤：

1. 将柠檬汁挤入碗中。将指甲浸入其中，浸泡5分钟。
2. 用肥皂洗手，然后涂上润肤膏。
3. 在柠檬汁里加入一些小苏打，搅拌至糊状。在每个指甲上涂少量的糊状物。
4. 保持5分钟，然后洗干净。

化学纸杯蛋糕

看看如何让你的纸杯蛋糕起泡！

科学原理是什么？

当你烘焙蛋糕时，酸和碱反应会让生面团"膨胀"。酸（本实验中的醋）和碱（本实验中的小苏打）之间的反应会产生蛋糕上肉眼可见的二氧化碳气泡。

材料：

- 1/4杯糖
- 1茶匙黄油
- 1/4茶匙香草香精
- 1/4杯牛奶
- 1/8茶匙盐
- 3/4杯通用面粉/纯面粉
- 大的调酒匙
- 1/4茶匙小苏打
- 半茶匙白醋
- 带有托盘的纸杯蛋糕

步骤：

1. 将糖、黄油、香草香精、牛奶混合，再加入盐和面粉，用大的调酒匙搅拌均匀。
2. 加入小苏打和白醋。将混合物倒入纸杯中。
3. 将烤箱温度调至190摄氏度，烘烤10分钟，然后将蛋糕拿出烤箱（请成年人帮忙），放置一边冷却。
4. 将纸杯蛋糕切半。观察蛋糕里的气泡！

放松双脚

繁忙的一天结束之后，好好放松你的脚吧！

科学原理是什么？

除了发酵和清洁，小苏打还有抗菌的功效。可以在水中加入小苏打增强碱性，发挥更强的清洁作用。

材料：

- 温热的洗澡水
- 3杯盐
- 6滴马郁兰精油（如果你找不到马郁兰精油，也可以使用其他精油）
- 酸碱试纸
- 1杯小苏打

步骤：

1. 将盐倒入洗澡水中，用手搅拌。
2. 加入精油，用酸碱试纸测一下水的pH。
3. 倒入一半的小苏打，再次测试pH。有什么变化吗？
4. 将剩余的小苏打倒入水中，再次测试pH。
5. 将双脚浸泡在水中，尽情放松吧！

259 像黄瓜一般清爽

冰箱里的一些东西可以帮你告别油性皮肤！

科学原理是什么？

分子由两个或两个以上的原子结合而成。酸橙里的天然柠檬酸能有效地分解油性分子。本实验中的配方能使油性分子浮起来并且脱落。

材料：

· 1根黄瓜
· 削皮机
· 擦菜器
· 两杯水
· 搅拌机
· 咖啡过滤器
· 小碗
· 1茶匙酸橙汁
· 面巾

步骤：

1. 用擦菜器将黄瓜削成小片。
2. 将水和黄瓜片倒入搅拌机，搅成酱状。
3. 将搅拌机里的混合物倒入咖啡过滤器，过滤出黄瓜汁。
4. 将两茶匙黄瓜片汁倒入小碗，与酸橙汁混合。
5. 将形成的混合物抹在脸上，保持30分钟。
6. 用温水和面巾洗净脸部。
7. 将剩下的黄瓜汁喝掉，让自己容光焕发！

---

260 解决口香糖的困扰

你是否经历过口香糖粘在头发上的情况？这里有解决方法！

科学原理是什么？

口香糖中含有聚合物（由特定的结构单元重复连接而成的分子），在嚼口香糖时，它会伸展。口香糖也含有软化剂和香料。要想摆脱头发上的口香糖，你需要先溶解它。溶解口香糖的最好办法是什么呢？

材料：

· 2到3束5厘米长的头发（不要剪自己的头发，可以从当地的理发店获取）
· 茶巾
· 纸胶带
· 口香糖
· 花生酱
· 医用酒精（绝对不能食用）
· 植物油

警告：
对坚果过敏的人在使用本项试验中的花生酱时可能会过敏！

步骤：

1. 将几束头发放在茶巾上，用胶带固定。
2. 在每束头发上粘一些口香糖，摩擦使其粘牢！
3. 现在将几种不同的溶剂——花生酱、医用酒精或植物油分别放在每束头发上。揉搓头发，看看口香糖是否脱落下来了？哪种方法最有效呢？

261 清洁女王

告诉你的朋友们，你关心他们的头发！

材料:

· 3种不同pH的洗发水（在标签上可以看到pH）

步骤:

1. 邀请两位朋友，一个卷发，一个直发。给每个朋友足够多的3种洗发水，请他们使用每种洗发水各3天（共9天）。
2. 在每种洗发水连续使用3天之后，请朋友们记录他们头发每天的状态。
3. 你的两位朋友更喜欢哪种洗发水呢？你注意到洗发水pH的影响了吗？

科学原理是什么？

拥有卷发的人更倾向于选择 pH 在 4.5 到 5.5 之间的洗发水，这种洗发水消除静电的效果比较理想。头发四处飘扬是由乱蓬蓬的发丝相互摩擦、产生电荷引起的。一些护发产品使用柠檬酸一类的pH 调节剂来创造顺滑的效果，使头发不再蓬乱。当头发达到最理想的 pH 时，通常介于 4.0 到 5.5 之间，角质层是顺平的。闭合的角质层受损的风险较小，并且能更好地保湿，使头发更加强健。

262 泡沫因子

你是否想过，为什么有些洗发水产生的泡沫更多？

材料:

· 两种含有十二醇硫酸钠的洗发水（可查看原料表）
· 两种不含十二醇硫酸钠的洗发水
· 纸和笔
· 水

科学原理是什么？

十二醇硫酸钠是一种能在很多洗发水、牙膏、口腔清洁剂中找到的化学物质。它使得洗发水能在起泡时产生更多的泡沫。洗发水中的十二醇硫酸钠越多，泡沫则越多。拥有卷发的人可能更喜欢不含这种物质的洗发水。硫酸盐会让卷发湿润、使有光泽的油脂从头发上脱落。

步骤:

1. 制作一张表格，横向列出每种洗发水的名称。标记它们是否含有十二醇硫酸钠。在纵向做一个"泡沫指数"（即泡沫的多少）的标签。
2. 倒一点洗发水到手上，加入一些水，揉搓双手，测试每种洗发水的泡沫指数。按0~5的等级给洗发水的泡沫指数打分。哪种洗发水的泡沫最多？

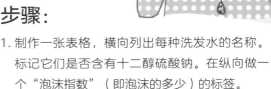

263 顺其自然

了解情况，顺其自然！

科学原理是什么？

"黏度"这一术语用来描述液体的抗流动性。稀释的液体通常黏度更低，而黏稠的液体黏度更高。顺着纸流淌而下或者滴下的洗发水似乎黏度较低，而聚成一团、不会移动的洗发水似乎具有高黏度。

材料：

- 1片硬纸板
- 1张报纸
- 几种不同的洗发水
- 1个计时器
- 1把尺子
- 笔和纸

步骤：

1. 将硬纸板斜靠在墙上。将报纸铺在地上，防止液体滴落在地板上。
2. 从硬纸板顶部滴落一滴洗发水，测试每种洗发水的黏度。借助计时器计算30秒内它移动了多远。
3. 测量距离，用距离除以时间（30秒），计算洗发水每秒移动了多少厘米。
4. 制作一张表格，在第一行中列出不同洗发水的名字，对应的每一列用来填写每秒洗发水移动的距离。

---

264 分解油脂

最终，油性头发有了救星！

科学原理是什么？

每根发丝的根部都有皮脂腺，它分泌一种叫皮脂的油性物质。油不溶于水，所以仅仅用水无法洗净头发上的油脂。其他一些如清洁剂一类的物质，能够通过使分子的一端粘住油脂、另一端粘住水的方式来提高清洁率。

材料：

- 炖锅
- 半杯洗发水
- 5勺泻盐
- 勺子

步骤：

1. 将炖锅放在火炉上，加热锅中的洗发水（不要让它太热）。
2. 加入泻盐搅拌。
3. 等待混合物冷却。
4. 用新制的泻盐洗发水来洗头吧，然后再冲洗干净。

265

亲水者

拥有如丝般顺滑的秀发的秘诀是什么呢?

科学原理是什么?

湿润剂常被用于洗发水中,用来帮助头发保持水分。这类湿润剂有个特性:它们具有亲水性。这意味着它们可以"保留"靠近它们的水分,在这个试验里,它们能保留你皮肤或头发附近的水分。

材料:

· 两种含有湿润剂的洗发水（洗发水和护发素里最常用的湿润剂——泛醇）
· 两种不含湿润剂的洗发水
· 纸和笔

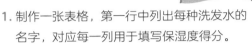

步骤:

1. 制作一张表格,第一行中列出每种洗发水的名字,对应每一列用于填写保湿度得分。
2. 请两个朋友每种洗发水使用3天。他们需要在使用完每种洗发水后,按照0～5的等级给每种洗发水对头发的保湿和柔软效果打分。
3. 检查各个分数对应的洗发水。是不是含有湿润剂的洗发水得分更高?

266

薄荷味清香

用薄荷面膜唤醒你的面部肌肤!

科学原理是什么?

气味与化学有关。气味飘浮在空气中时,鼻子的感受细胞会注意到气味并向大脑发送应答。气味会影响我们的情绪——有的使人精力充沛,有的则有镇静作用。薄荷油含有薄荷醇,它能够触发肌肤的特定感官。因此,薄荷醇被使用时,我们能体验到"清凉"的感觉。

材料:

· 1个鸡蛋
· 小碗
· 叉子
· 1茶匙碎薄荷叶
· 1勺蜂蜜
· 面巾

步骤:

1. 将鸡蛋打入碗中,用叉子轻轻地搅拌。
2. 将薄荷叶倒入碗中搅拌。
3. 加入蜂蜜,搅拌至糊状。
4. 将薄荷面膜涂抹在脸上,保持10分钟,让它变干。
5. 用温水和面巾洗净面部。

267 拜拜眼袋

用茶包消除眼袋吧！

科学原理是什么？

　　绿茶富含抗氧化剂。它能有效地防止破坏细胞（包括皮肤细胞在内）的化学反应发生。绿茶里的抗氧化剂能够帮助排出身体里的毒素，维持正常的细胞功能。

材料：

· 杯子
· 热水
· 两个茶包

步骤：

1. 杯子里装满热水，放入茶包，让它们浸泡一会儿。
2. 等水冷却之后，轻轻地挤压茶包，去掉多余的水分。
3. 躺下来，将两个茶包分别放在两只眼睛下方。
4. 保持大约10分钟。拿开茶包，享受眼睛放松的感觉吧。

268 柔软的脸颊

这份简单的秘方将为你带来柔软、光滑的婴儿肌！

科学原理是什么？

　　肌肤的最外层（即表层）含有角蛋白，你的头发和指甲里有同样的强韧的蛋白质膜。原蜜中包含一种叫作防御素的蛋白质，它有抗菌的作用。科学家发现，这种蛋白质能抵御有害细菌。酸奶中富含一种叫作阿尔法羟基的乳酸，能够促进肌肤中胶原蛋白和弹性蛋白的生成，有助于维持肌肤的柔软和光滑。

材料：

· 1汤匙蜂蜜
· 碗
· 1汤匙燕麦
· 1汤匙原味酸奶
· 勺子
· 毛巾

步骤：

1. 手握蜂蜜罐，加热蜂蜜，盛一汤匙蜂蜜到碗中。
2. 加入燕麦和酸奶，与蜂蜜混合。
3. 将混合物均匀地涂抹在脸上。保持15分钟。
4. 用温水和毛巾洗脸

奇妙的茶

用茶叶洗发水洗头吧!

科学原理是什么?

　　如果没有洗发水,要将头发上的油和灰尘洗净是很难的,因为油不溶于水。但是洗发水是一种乳化剂,这意味着它能将一种液体(油)分解为另一种液体(水)。洗发水能让油和灰尘悬浮起来,这样它们就可以被水冲掉,达到洗净头发的效果。本实验中,甘油发挥了乳化剂的作用。

材料:

· 4茶匙花草茶(如甘菊或薰衣草,可以从保健品店或一些药店里买到)
· 1杯沸水(小心点)
· 咖啡过滤器
· 碗
· 液体肥皂
· 薰衣草和柠檬精油
· 1勺半甘油(可以从大多数药店里买到)
· 漏斗
· 带盖子的罐子或瓶子

你知道吗?

　　大多数洗发水含有某种起调节剂作用的蛋白质。

步骤:

1. 将花草茶倒入沸水。
2. 搅拌花草茶,让它们在水中浸泡半小时。
3. 通过咖啡过滤器过滤茶叶,将茶水倒入碗中,丢掉茶叶。
4. 倒入液体肥皂,进行搅拌,然后加入几滴薰衣草和柠檬精油。
5. 慢慢拌入甘油,接着将溶液通过漏斗倒入罐子或瓶子。
6. 用新制的神奇洗发水来洗头吧!

270 燕麦美容法

早餐给你的脸喝点燕麦粥吧！

科学原理是什么？

燕麦含有酚，酚类化合物是一种杀菌剂。杀菌剂能够摧毁细菌和其他一些微生物。燕麦也有抗发炎的功效，对于软化皮肤很有效，能够缓解发痒和刺痛。

材料：

- 3/4杯干燕麦
- 1/3杯热水
- 面巾

步骤：

1. 将燕麦和热水混合搅拌，直到成糊状。搅拌过程中你可能需要加更多的水。
2. 待冷却后将燕麦糊涂在脸上，避开眼部，将整个面部覆盖。
3. 保持10到15分钟。
4. 用温水和面巾洗净面部。

271 用来护肤的蜂蜜

用两种简单的天然原料来治疗痤疮！

科学原理是什么？

皮肤下的油性皮脂会引发痤疮。皮脂会形成包块，阻塞毛管，将以皮肤为生的无害细菌阻塞在皮肤下。蜂蜜（尤其是生蜂蜜）具有抗菌效果，对人们来说是很棒的抗痤疮剂。

材料：

- 中等大小的苹果
- 擦菜器
- 碗
- 5茶匙生蜂蜜
- 面巾

步骤：

1. 用擦菜器将苹果磨碎，倒入碗中。
2. 如果蜂蜜太厚，将它倒入碗中，用手的温度加热容器使之融化、稀释。不能用微波炉或火炉加热！这样会破坏它的性能，还会让它燃烧！
3. 将苹果泥和蜂蜜混合，然后轻拍到皮肤上，主要涂抹在有痤疮的地方。
4. 保持10分钟。
5. 用温水和面巾洗净皮肤。

272 闪亮的珍珠

在使用了这款自制牙膏后，你的笑容会变得更加明亮！

科学原理是什么？

小苏打能快速地溶解在水里。在溶解的过程中，它逐渐失去研磨性，但仍然保持着高度的清洁效果。小苏打是有效的清洁药剂，因为它能分解卡在牙缝中的食物产生的油质。

材料：

· 4茶匙小苏打
· 1茶匙扁桃仁、薄荷和香草提取物
· 1茶匙盐
· 密封容器

步骤：

1. 将小苏打、提取物和盐混合在一起。
2. 每次用完将牙膏密封在容器里。

---

273 KISS 小姐

制作润唇膏？去厨房碗柜里找原料！

科学原理是什么？

唇膏里含脂肪酸（比如本实验中用到的橄榄油，其中脂肪酸含量高），它有保湿和调节肌肤的作用。很多唇膏中含有一种用于锁水的蜡，比如蜂蜡。在将蜂蜡用于制作护肤品之前，通常要先在水中加热，然后将其与植物油混合，使其稀释、软化。

材料：

· 两杯水
· 炖锅
· 刨丝器
· 14克蜂蜡
· 耐热碗
· 1茶匙蜂蜜
· 120毫升橄榄油
· 勺子
· 防热套垫
· 几个带盖子的小罐子

步骤：

1. 将水倒入炖锅，放在火炉上煮沸。
2. 将蜂蜡磨碎倒入耐热碗中，将碗放在炖锅的盖子上（请成年人帮你做这一步）。
3. 在熔化蜂蜡的过程中加入蜂蜜、橄榄油，进行搅拌。如果蜂蜜不能完全和油融在一起，不必担心。
4. 将碗放在防热套垫上进行冷却。
5. 用勺子将唇膏舀入小罐子中储存起来，有需要时再使用它。

274 迷人的嘴唇

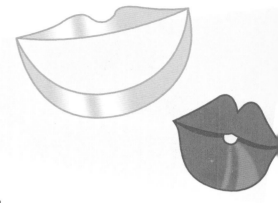

创造属于自己独特的唇膏系列！

科学原理是什么？

唇膏里的原料会影响其味道、使用感觉和功效。改变你用的原料就能改变唇膏的性能。一些人可能希望他们的唇膏是偏酸一些的或偏碱一些的、坚硬的或黏性的、更保湿的或更香的。

材料：

- 炖锅
- 水
- 耐高温的碗
- 14克蜂蜡
- 刨丝器
- 1茶匙蜂蜜
- 120毫升橄榄油
- 勺子
- 能够调节唇膏pH的原料（比如柠檬汁或小苏打）
- 杏仁油、薄荷油或奶粉（用来调节唇膏的保湿度）
- 薄荷油或玫瑰油（用来调节香味）
- 几个带有盖子的小罐子

步骤：

1. 为了制作几批实验273（Kiss小姐）里的唇膏，根据你想做实验的批次来增加原料。
2. 将不同的原料加入不同的批次的唇膏里。要使你的配方更具酸性或碱性，你能加入什么呢？柠檬汁？小苏打？这些原料是如何影响唇膏稳定性的呢？
3. 调节唇膏的黏度。多加入蜂蜡能使唇膏变得更坚硬，加入更多的水会使它稀释、变得更黏。
4. 尝试使你的唇膏变成一个超级保湿霜。加入一种或多种脂肪酸（比如杏仁油、薄荷或奶粉）或许能达到保湿效果。
5. 哪种精油能提供最宜人的芳香？

你知道吗？

如果你想要一支防水唇膏，只需增强其黏性！

275 香水实验室

找不到你喜欢的香水吗？自己做一个吧！

科学原理是什么？

把香水喷到皮肤上之后，香味会散发。由于人体的化学组成的差异，香水在不同人身上会散发不同的味道。在油性皮肤的人身上，香水的味道更浓烈且更持久；在干性皮肤的人身上香味会挥发得更快。

材料：

· 瓶子
· 15毫升杏仁油
· 基调：肉桂、丁香、姜、茉莉或檀香味精油（使用1种或多种）
· 中调：茴香、天竺葵、薰衣草、肉豆蔻或迷迭香味精油（使用1种或多种）
· 头香：罗勒、西柚、柠檬、青柠、玫瑰或薄荷（使用1种或多种）

警告：

因为本实验中需使用杏仁油，坚果过敏者在操作时可能会有过敏反应！

步骤：

1. 将杏仁油倒入瓶中。
2. 加入7滴"基调"香味精油。
3. 加入7滴"中调"香味精油。
4. 加入7滴"头香"精油。
5. 摇晃瓶子，混合精油，然后将你新制的香水轻拍在手腕处。

276 芳香护理

正如声音可以传播，香味也可以！

科学原理是什么？

水可以是液态的、固态的（如冰），也可以是气态的（水蒸气）。水同样可以"雾化"。液体雾化后，就会在空气中传播。雾化的液体的典型例子是喷洒的香水。分子从香味的源头蒸发，与空气中的其他分子反弹，由此形成香味。香水一经喷出，香味就会散发；分子反弹，就会在房间内弥漫并均匀地散开。气温会影响分子移动的速度：温度越高，分子散发得越快。

材料：

· 香水（放在喷雾器中）
· 4把椅子
· 计时器

步骤：

1. 在房间从前到后一个挨着一个放置4把椅子。
2. 请4个朋友分别坐在4把椅子上。
3. 站在房间的前面，向空气中喷一些香水。
4. 告诉他们如果闻到香水的味道就举手。记下每个人举手的时间。

277 香味枕头

薰衣草能助眠吗？试一试吧！

科学原理是什么？

薰衣草中有一种叫芳樟醇的化学物质。超过 200 种植物会产生芳樟醇。由于它有浓烈的气味，因此被用于清洁剂、洗涤剂、驱蚊剂、洗发精和肥皂。很多人相信芳樟醇有安神的作用。

材料：

· 手帕
· 干薰衣草（其他的香草，比如洋甘菊）
· 切成碎片的肉桂条
· 缎带

步骤：

1. 将手帕平铺在桌上。
2. 将几汤匙的薰衣草以及其他干香草（如果要用的话）放在手帕中间。
3. 将切碎的肉桂条加入香草混合物中。
4. 将手帕的四角合并，做成一个小香囊，用缎带封口。将这个新做的小香囊藏进枕头。

278 你拥有特别的色彩

做一些有趣的人体彩绘，让你拥有光彩照人的肌肤！

材料：

· 1茶匙玉米淀粉
· 半茶匙冷霜
· 小碗
· 半茶匙水
· 食用色素（由于色素会着色，在使用时要小心）
· 勺子
· 带密封盖子的玻璃罐
· 画笔

科学原理是什么？

玉米淀粉是一种"黏合剂"，它作为增稠剂被用于很多食物中，包括布丁、肉汁和汤。玉米淀粉通过使游离的淀粉分子膨胀来增稠，因为它们在膨胀的过程中会吸收水分。玉米淀粉也会吸油，正因如此，很多化妆品制造商将它用于化妆品中，以达到控油的效果。

步骤：

1. 将玉米淀粉和冷霜在小碗里混合，同时加入水进行搅拌。
2. 每次加入1滴食用色素，直到你对颜色满意为止。加入色素后，充分搅拌。
3. 将人体彩绘颜料舀入小玻璃罐。拿起画笔，开始绘画吧！人体彩绘颜料可以用温水洗净。

279

固体香水

你不用再担心香水洒出来了！

科学原理是什么？

物质的形态有3种：液态、气态和固态。固体中的原子是紧挨在一起的，并且运动速度很慢。气体中，原子之间相距较远，并且会快速地相互反弹。液体介于两者之间。大多数香水是液态的，但也有一些是固态的，本实验可以证明。

你知道吗？

在日本，人们有时会在商务名片上涂一点固体香水。

材料：

· 两杯水
· 炖锅
· 1茶匙蜂蜡
· 擦菜器
· 耐热碗
· 长木制搅拌棒
· 1茶匙杏仁油
· 10滴精油（比如茉莉或玫瑰精油）
· 小碗或容器

警告：
因为本实验中需要使用杏仁油，坚果过敏者在操作时可能会有过敏反应！

步骤：

1. 将水倒入炖锅，放在火炉上煮沸。
2. 将蜂蜡磨碎放入耐热碗内。然后将碗放在炖锅的盖子上（请成年人帮忙）。
3. 搅拌蜂蜡，直到它完全变成液态，接着加入杏仁油和精油，继续搅拌。
4. 将炖锅拿下来放在防热套垫上。
5. 将液态蜂蜡倒入小碗或容器中。放置半小时，使其冷却、凝固。
6. 试用一下你的固态香水，用手指在表层沾上一些，轻轻拍在手腕或脖子上！

她做到了！

伊丽莎白·雅顿

伊丽莎白·雅顿于1884年生于加拿大。她学过一段时间的护理，但之后就退学，前往纽约投奔她的哥哥。她曾在一个药物公司里做簿记员，这意味着她要在实验室里待很长时间，但是在那里，她对于护肤用品有了更深入的了解。后来，伊丽莎白去了法国旅行，在美容沙龙里，她学习并掌握了一些美容技巧。她开始用自己的配方进行实验，尝试制作口红、胭脂和粉。1919年，伊丽莎白开了她的第一家美容沙龙，慢慢地，她在全世界都开了分店。自从1930年起，她的化妆品品牌就一直处于行业领先的地位！

闪亮的芦荟胶

在你的胳膊和腿上涂抹这种啫喱霜，你会看起来闪闪发光！

材料：

- 半杯芦荟胶（最好是透明的）
- 1茶匙甘油（大多数药房都有出售）
- 小碗
- 两茶匙闪粉（根据自己的心情随意选择颜色）
- 勺子
- 带有密封盖子的小玻璃罐

科学原理是什么？

很多化妆品将水列为主原料之一。这份配方里的芦荟是水的完美替代品。芦荟中水的含量高达 96%，同时也含有维生素、酶、糖、矿物质、皂素、木质素、水杨酸和氨基酸。芦荟类植物有厚厚的叶子，主要生长在非洲、印度、尼泊尔、北美等的干旱地区。

步骤：

1. 将芦荟胶与甘油倒入小碗中混合。
2. 撒入闪粉，充分搅拌。
3. 用勺子将混合物舀入小玻璃罐。
4. 在你需要的时候涂一些芦荟胶，让你的每一天都变得亮晶晶！

281

亮晶晶的粉

在你的完美肌肤变得更加光芒四射吧！

材料：

- 4茶匙玉米淀粉
- 1茶匙闪粉
- 小碗
- 勺子
- 带密封盖子的小玻璃罐

科学原理是什么？

有珠光的物体表面呈现出银色的珍珠般的光泽。珠光颜料在化妆品中被用来修饰面部、眼睛、嘴唇和指甲。化学家们通过让云母、氧化铁、氧化钛经过特殊的结晶过程制造珠光物质。

步骤：

1. 将玉米淀粉和闪粉在小碗里混合、搅拌。
2. 用勺子将混合物舀入小玻璃罐。在皮肤上涂一些，让自己变得光芒四射吧！

神奇的维生素

在你急需一剂维生素 C 的时候，你会挑选哪种果汁呢？

科学原理是什么？

很多果汁中都富含对保持肌肤健康有益处的维生素 C。橙汁的维生素 C 含量尤其高。你在本实验中将要制作的试剂类似于酸碱试纸，不同的是，它的颜色会随着维生素 C 的出现而改变。别被骗了，有些"橙汁"没有你想象中的那么健康！

材料：

· 1杯冷水
· 炖锅
· 1茶匙玉米淀粉
· 大容器
· 滴管
· 4升水
· 1茶匙碘
· 几个罐子
· 果汁（如橙汁、苹果汁、橙汁饮料）

你知道吗？

富含维生素 C 的食物有花椰菜、青椒、橙子、草莓和番茄！

步骤：

1. 将冷水倒入炖锅中，然后拌入玉米淀粉。

2. 在炉子上将水加热至沸腾（请成年人帮忙），然后静置两分钟。

3. 将4升水倒入大容器里，用滴管加入10滴玉米淀粉液。加入1滴碘，然后搅拌。搅拌形成的溶液就是你的"试剂"。

4. 在每个罐子里倒入高约0.5厘米的试剂溶液。

5. 在第一个罐子中滴入一滴橙汁。然后继续滴入橙汁，每次一滴。溶液变色有多快？

6. 在第二个罐子中滴入一滴苹果汁，重复以上步骤。

7. 继续用其他果汁或饮料进行试验。含维生素 C 最多的果汁能让溶液变色最快！

283 美味的酸奶

自己制作酸奶，享受它给你带来的健康与美貌！

科学原理是什么？

你的身体需要一定量的"有益菌群"来帮助消化。酸奶就含有这种有益菌群，它们叫作"益生菌"。在酸奶制作的过程中，菌群会改变牛奶中的糖分（乳糖），使之呈酸性。也正是这些菌群让酸奶得以存放更久！

材料：

· 950毫升全脂牛奶
· 炖锅
· 即时可读的温度计
· 大碗
· 冷水
· 1茶匙含活性菌的原味酸奶
· 大罐子
· 冷却器/冷饮保藏盒
· 小桶热水

步骤：

1. 将牛奶倒入炖锅，放在火炉上加热（请成年人帮忙）。加热至90摄氏度（低于沸点）。
2. 把火调小，将火炉上的牛奶静置10分钟。
3. 将冷水倒入大碗中。
4. 从火炉上将炖锅拿下来，置于冷水中降温。待冷却至43摄氏度后，加入酸奶进行搅拌。
5. 将混合物移入罐子，然后置于冷却器内。同时将小桶热水也放入冷却器，让酸奶静置24小时。

284 令人惊喜的菠萝

富含水果的日常饮食对于健康的肌肤和头发是至关重要的！

科学原理是什么？

如果把菠萝混入明胶，明胶则会溶解。蛋白质结合在一起或将溶液保持为半固态时，明胶则会变成固体。菠萝含有的酶能切断蛋白质之间的连接，使明胶还原为液态。

材料：

· 1盒明胶
· 两个容器
· 半杯成熟的菠萝或菠萝块罐头
· 小刀（请成年人帮忙准备）

步骤：

1. 按照盒子上的说明准备好明胶。
2. 将一半明胶溶液倒入其中一个容器，另一半倒入另一个容器。让它们冷却下来。
3. 将菠萝切好块。
4. 抓一把菠萝块放入其中一个容器。
5. 等待几小时。两个容器里的明胶都溶解了吗？

196

搅拌吧！

谁说你每日摄取的蛋白质不能是甜的？

科学原理是什么？

鸡蛋富含蛋白质，是维持人体健康的必需品。只有体内健康，外表看起来才会是健康的！蛋白质因氢键而成形，氢键使蛋白质弯曲、扭转。将鸡蛋的蛋清搅拌成蛋白霜状时，蛋白质里的一些氢键会被破坏，这也使蛋白质的结构得以显现。正是这种蛋白质结构的变化造成了蛋白霜的干硬性。

你知道吗？

蛋清和糖都是具有吸湿性（吸收水分的能力）的物质。所以当蛋白霜被冷藏或储存于高湿度的环境里时，它会变得湿润。也正因如此，有时你会看到蛋白霜"哭泣"或"流汗"，表现为渗出小水珠。

材料：

· 烤盘
· 蜡纸
· 3个鸡蛋的蛋清
· 少许盐
· 带有搅蛋器的电动搅拌机
· 170克细砂糖或精白砂糖
· 大勺子

步骤：

1. 预热烤箱到150摄氏度。
2. 将烤盘与蜡纸摆好。
3. 搅拌蛋清和盐。将搅拌机开到低速挡，搅拌1分钟，然后提到中速挡继续搅拌，直到蛋清硬性发泡。
4. 将挡位提高到高速挡，加微量白砂糖，继续搅拌，直到混合物呈光滑的固体状。
5. 用勺子舀大块的蛋白霜放在烤盘上，每块蛋白霜之间留出空隙。
6. 将蛋白霜放入烤箱中烤30分钟。如有需要，可延长时间。等到它们看上去又干又白的时候，就完成了烤制。
7. 关掉烤箱，等到蛋白霜在烤箱里冷却下来再将其拿出。

286 浆果奶昔

试试这杯奶昔吧，为你的生活增添一些风味！

材料：

· 1根大香蕉
· 1杯新鲜蓝莓
· 半杯低脂酸奶
  （最好是香草味的）
· 1杯低脂牛奶
· 3/4杯碎冰
· 搅拌机或食品加工机
· 大玻璃杯

科学原理是什么？

　　水果和蔬菜因具有天然植物色素而变得五彩缤纷。红色、蓝色或紫色的蔬菜和水果富含番茄红素和花青素。这些色素能保护你体内的细胞不受破坏。橘色的蔬菜和水果富含类胡萝卜素。研究表明，类胡萝卜素对心脏有益。绿色的蔬菜和水果富含叶绿素，能够增强免疫系统。

步骤：

1. 将所有原料倒入搅拌机或食品加工机，充分搅拌（请成年人帮忙）。
2. 将搅拌完的奶昔倒入大玻璃杯中，开始享用吧！
3. 一周内选择几天早晨享用这份奶昔。坚持1个月之后，你发现了自己的身体感受有什么变化吗？你的皮肤是不是变得更光滑了？你的头发是不是看起来更健康了呢？

---

287 青春女王

这杯超级奶昔能将你转化为青春女王！

材料：

· 1个樱桃番茄
· 碎芹菜茎
· 1根黄瓜
· 3片菠菜叶子
· 1杯酸奶
· 6个小方冰块
· 搅拌机
· 大玻璃杯

步骤：

1. 将所有原料倒入搅拌机，充分搅拌（请成年人帮忙）。
2. 倒入大玻璃杯，开始享用吧！
3. 每周享用几次这份奶昔，坚持几周。让它成为你日常饮食的一部分，你有没有注意到你看起来更健康、感觉更好了？

科学原理是什么？

　　摄入足够的维生素和矿物质对你的身体健康是有益的，对正在发育的人尤其有帮助！许多绿色蔬菜（比如豆子和花椰菜）富含镁，对于骨骼和肌肉的发育有好处。绿叶菜（如菠菜）富含铁，有助于体内红细胞的形成。蔬菜的颜色越鲜艳，它的营养可能也越丰富。

矮行星——围绕太阳运行的天体，但不是单独围绕太阳运行，其轨道上还有别的星体。

氨基酸——构成蛋白质的有机酸。

半透明的——一种只让部分光通过的物质具有的性质，如一副太阳镜中的透镜。

孢子——植物产生的小细胞，能长成新的有机体。

保湿剂——帮助另一种物质保持水分的物质。

北极——地球轴线旋转的北端。它位于北纬 90 度。

变形——某些动物在转变为成年阶段时发生的形态、结构或物质的变化。

冰川——一大块缓慢移动的冰。

波长——波在一个振动周期内传播的距离。

捕食者——猎食或捕捉其他动物作为食物的动物。

哺乳动物——脊椎动物，温血，皮肤覆盖毛发。雌性哺乳动物通常会产奶喂养幼崽。

残骸——破碎或毁灭的东西残留下来的部分。

沉积物——因风化和侵蚀而分解的物质。

沉积岩——当沉积物聚集并结合在一起时形成的岩石，比如砂岩。

赤道——一条假想的围绕地球中心的线。

臭氧——在地球平流层中发现的一种气体。臭氧能阻挡来自太阳的紫外线辐射。

臭氧层——地球上空 30~50 千米的一层大气，阻止太阳的大部分紫外线辐射进入地球的低层大气。

磁性——物质的一种特性，能使物质中的电子与其他磁铁排成一条直线，例如当铁中的电子与地球的磁性方向排成一条直线时，使相反的磁极相互吸引。

磁引力——相反磁极间的吸引力，北极和南极相互吸引。

粗糙食物——一种能够促进肠道健康的不可消化的食物，如纤维。

大气——围绕天体（如行星）的气体混合物。

单孔目动物——哺乳动物的一种，卵生。

蛋白质——一种由氨基酸组成的分子，对生命是必不可少的。

导体——易于传导（传递）热、电或声音的物质或材料。

等离子体——在极热条件下（如在太阳下），类似于气体并导电的带电粒子。

地核——地球的中心。地球的核心由两层组成，即内核和外核。内核和外核都充满了铁和镍，但外核是液体的，而内核是固体的（大约是月亮的大小）。两者都达到极高的温度并使地球产生磁场。

地壳——地球的最外层，也称为岩石圈。地壳由坚固的岩石和土壤组成，顶部是巨大的海洋。它在海底处很薄，而在大陆处厚一些。

地幔——地球的中间层。大约有 3000 千米厚，地幔由半固态的熔融岩石组成。

地球磁场——由地核中的具有磁性的铁运动而产生的磁场。它从地球向外延伸直到遇到太阳风。

地外的——起源于或存在于地球或大气层之外的。

地质学家——研究地球历史，特别是通过岩石来研究地球历史的科学家。地质学家研究地球的形成和发展进程。

电磁铁——一种磁铁，其磁芯由包裹在软铁上的绝缘线制成，当电流通过导线时，它就会被磁化。

电子——构成原子的 3 种粒子中最小的一个。它们携带负电荷并围绕原子核运动。

电子垃圾——电脑、电视、旧手机和许多其他电子设备构成了电子垃圾。电子垃圾含有贵重、有毒金属，因此需要回收和负责任地处理。

动能——物体由于运动而产生的能量。

动物学家——研究动物界和动物生活的科学家。

多孔性——物体能吸收液体的性质／程度。

二氧化硅——通常被称为玻璃，是地球上最常见的矿物。它也是沙子和矿物石英的组成成分。

二氧化碳——一种无色气体，一个分子含有一个碳原子和两个氧原子。在光合作用和细胞呼吸等许多化学反应中起着重要作用。它也构成了地球大气层的一小部分。

发酵剂——有助于减轻质地，通过产生二氧化碳（使其膨胀）来增加烘焙食品的体积的物质。

繁殖——产生后代或幼体的过程。

反应——将一组化学试剂转变成另一组，这是由形成和破坏试剂中的化学键（原子间的吸引力）中的电子引起的。

分解——物质变成简单化合物或衰变的过程。

分类学——根据生物的进化和结构特征等信息对其分类的学科。

分子——几个原子结合在一起而形成的粒子。

酚——一种酸性化合物，存在于煤和木材中，用作消毒剂。

风化层——覆盖在坚硬岩石上的松散物质层。

浮力——物体在液体或空气中各表面受流体压力的差。

浮石——一种火成岩，由极热的加压"泡沫"熔岩形成。熔岩中的气泡在岩石上形成小孔。

负电荷——构成物质的带负电的粒子。

腹部——动物身体的一部分，多为消化器官所在的位置。

甘油三酯——一种脂肪分子。它们是油中的主要分子，如植物油。

构造板块——地壳的组成部分，它们在地球上移动并形成山脉、海沟等地貌。地球有 7 个主要的构造板块。

鼓膜——中耳边缘的一层薄膜，当声波与之接触时会振动。

光合作用——绿色植物吸收光能，把二氧化碳和水合成有机物，同时释放氧的过程。

轨道——行星围绕恒星或其他行星运行的路径。通常是椭圆形。

黑洞——空间中不可见的区域，引力场非常强，光线无法从中逃逸。

黑曜石——也称为"黑玻璃"，是在冷却的熔岩流动得不快立刻变硬时形成。

恒星——由于核聚变而发出光和热的气体球，元素主要是氢和氦。

化合物——由两种或两种以上不同元素组成的纯净物。

化学分散剂——添加到油中有助于分解油的化学物质，常被用于洗洁精和洗碗皂。它们含有表面活性剂。

回声定位——通过发出声波来定位物体，并根据声波碰到物体反弹回的时间和方向追踪物体。

彗星——进入太阳系内亮度和形状会随月距变化而变化的绕月运动的天体。当靠近太阳时，通过望远镜可以看到它们多云的尾巴。

火成岩——火山熔岩冷却时形成的岩石，如黑曜石。

火箭——人造的、机器或人遥控控制的机器，记录和捕捉地球大气层外物体的信息。它们包含用于轨道、着陆或撞击另一个太阳系物体的仪器，也可以将人类运送到国际空间站。它们被推进太空时使用的燃料带来的动力可以突破地球的引力。

机械能——系统中势能和动能的总和。

极地冰盖——覆盖大面积（通常是陆地）的巨大圆顶状冰盖。

极地——指地球南北纬 60 度以上的地区。

极点——地球上最北和最南端的点，位于地轴的两端。

几何学——描述任何与几何有关的东西，这是对形状、对象位置的相互关联的数学研究。

脊椎动物——有脊椎的动物。

甲壳动物——属于节肢动物，体表有外壳，大多数生活在水中。

碱性——氢离子浓度低的；pH 大于7 的。

角蛋白——一种存在于羽毛、毛发、指甲和皮肤外层的蛋白质。

节肢动物——无脊椎动物，具有外骨骼、分节的身体和成对的有关节的肢体。

结晶——某些东西形成晶体的过程。

晶洞——空洞中有晶体或其他矿物质的中空岩石。

静电——静电是一种处于静止状态的电荷。

静电放电——具有不同静电电位的物体互相靠近或直接接触引起的电荷转移。

镜像——物体在镜子中出现的图像。

聚合物——由同一分子组的长链形成的具有高沸点和高熔点的化合物。

绝缘——防止电、热或声音等通过。

抗酸剂——一种中和酸的中和剂。

抗氧化剂——一种可以保护人体细胞免受氧化损伤的物质。

可见光谱——人的视觉可以感受的光暗。

可生物降解的——可以被微生物（如细菌等）分解成无害的副产品的。

可再水化食品——一种经过冷冻干燥的食品，可以在加入热水后食用。

空气柱——对于乐器等物体中的空气，我们可以通过吹入气体或敲击使其振动。产生音调的高低与空气柱的长度有关，这个可以通过盖住仪器的孔或滑动仪器的部件来改变。也可以指大气层的一部分。

矿物——在地壳中形成的物质，具有规则的化学成分和可识别的物理性质。有些矿物是由一种元素组成的，另一些是由许多分子组成的。

冷血的——体温随周围环境变化而变化的，而不是由自身调节的。

离子——由于一个或多个电子的减少或增加而带正电荷或负电荷的粒子。

力——使物体改变运动状态或形态变化的根本。

立体视觉——双眼观察景物能分辨物体远近与形态的感觉。

两栖动物——脊椎动物、冷血动物，在陆地和水中都能生存。

猎物——被猎取或被捕获作为食物的动物。

灵长类动物学家——研究灵长类哺乳动物的科学家。

流星——一种小的物质体，进入地球大气层时，由于摩擦产生热量会短暂地发出明亮的光芒。

螺旋星系——一个中心凸起的圆盘状星系，主要由旧恒星组成，两个明亮的旋臂主要由年轻的恒星组成。

毛孔／气孔——皮肤（用于出汗或吸水）或树叶（用于二氧化碳和氧气的气体交换和释放水蒸气）上的微小开口。

酶——能在有机物质中产生化学变化的蛋白质。

门（生物学上的）——一个有机体的分支概念，比"种"的范围更大，比"界"（动物界、植物界）更小。

锰——一种易碎的金属，在世界各地都能找到，但在海底最常见。

密度——分子堆积的紧密程度，用单位体积物质的质量表示。

摩擦力——一个物体与另一个物体在接触面上产生的阻力。

莫氏硬度计——用于测量矿物与其他矿物或硬物质相比的硬度。它用来帮助鉴别岩石。

木质素——一种存在于木材中的物质，类似于细胞壁。它增加了木材的刚性，有助于形成树的形状。

南极——地球轴线旋转的南端。它位于南纬 90 度。

黏度——液体对抗流动的阻力；一种衡量液体"稠密度"的指标。

鸟类——温血、产卵、有羽毛和翅膀的脊椎动物。

鸟类学家——研究鸟类的科学家。

镍——一种坚硬的银白色金属元素，具有抗腐蚀和弱磁性。

扭曲——物体自身的自然状态、比例或形状被改变。

浓度——单位体积所含溶质的物质的量。如果你有一杯高浓度的盐水，这意味着大量的盐已经溶解在了水中。

pH——氢离子浓度指数，用于描述溶液的酸性或碱性，范围为 0 到 14，等于 7 时为中性。

爬行动物——冷血的脊椎动物，通过肺部呼吸，被鳞片或角质板覆盖。

喷丝头——蜘蛛和一些昆虫幼虫用来纺丝线的纺织管，通常用来形成网或茧。

频率——波在单位时间内振动次数的度量。

栖息地——特定植物、动物或其他生物生活的地方。

气象学家——研究大气的科学家。

气压计——气象学家用来测量大气压力的仪器。

侵蚀——物体被磨损或磨碎的过程。地球表面（如地形、山脉和河床）的侵蚀，可由重力、冰、水和风引起。

亲水性——对水有强烈亲和力的。

氢离子——当氢失去电子时形成的带正电的粒子。

蚯蚓堆肥——将蚯蚓引入有机废物处理技术中进行的废物处理过程。

全球变暖——地球平均温度的升高，是由于温室气体积聚，将热量滞留在地球大气中，从而导致气候的变化。

热带——地球赤道附近的区域，或气候与赤道相似的地方。

热稳定处理——经过热稳定处理后食物可以在中等温度下安全储存而不会

变质。

溶剂——溶解另一种固体、液体或气体的固体、液体或气体。

熔岩——熔岩在火山喷发期间从火山中排出，然后在硬化时形成火成岩。

乳化剂——能够将两种或两种以上的液体（如油和水）混合在一起的物质，不加乳化剂两种物质可能会相互排斥。

润肤剂——能软化和使皮肤平滑的物质。

鳃——水生生物用来从水中吸收氧气的器官。

生态系统——在特定区域内共存的一组动物、微生物、土壤和水。

生态学家——研究生物与环境关系的科学家。

生物多样性——生态系统中的各种生物，包括植物、动物和微生物和它们所拥有的基因及它们与其生存环境形成的复杂的生态系统。

声波——声波是我们的耳朵在物质振动时检测到的。例如，如果一个钟被敲响，它会振动它周围的空气，振动的空气就会到达我们的耳道。我们的大脑把这理解为声音。

湿地——有湿润土壤或被浅水覆盖的地方。

食草动物——以植物为食的动物。

食肉动物——吃肉的动物。

势能——相互作用的物体由于所处的位置或弹性形变等具有的能量。

视差——由于观察物体的人的位置变化而引起的物体相对位置的明显变化。

视网膜——眼球后部的组织，包含感光细胞，将神经脉冲传递给大脑，在大脑中形成视觉图像。

授粉——花粉从花药转移到柱头的过程，通常会导致受精。

水杨酸——一种对抗细菌和真菌的物质，用作防腐剂。

酸性——具有过量氢原子的；pH 低于 7 的。

太空食品——专为宇航员在外层空间生存而设计的食品。

太阳——一颗恒星，其周围有行星围绕其旋转并能接收其热量和光。

太阳辐射——太阳发出的辐射能有几种形式，包括如电磁能、可见光或紫外线。

太阳能电池板——将阳光转化为电能的系统或集成器。

提取——用物理方法或化学方法获取东西。

体积——当物体占据的空间是三维空间时，所占据的空间的大小。

天文学家——研究宇宙的科学家。

铁——一种有磁性的重金属元素，在纯净状态下为银白色，但在潮湿空气中容易生锈。铁可以在陨石和大多数火成岩中找到。它是所有金属中最常见的。

透镜——弯曲的玻璃或塑料片，能使光线方向发生变化。

外骨骼——动物身上坚硬的结构，如保护和支撑身体的外壳。

外太空的——起源于或存在于地球或大气层之外的。

望远镜——带有反射镜或透镜，可以聚焦光线，使人们能够看到远处物体的仪器。

微环境——在一个小区域内，湿度、土壤或酸度等因素会产生一种环境，促使特定的小生物甚至微生物的生长。

微生物——单细胞生物，对我们的生态系统和身体至关重要。土壤里、水中和动植物体内都有微生物，其中有些微生物可能使人生病，而另一些则对人类有益。如细菌，小到只能通过显微镜才能看到。

微重力——几乎没有重力。

维生素——量少但是对动植物营养至关重要的物质。

卫星——围绕行星运转的星体。

温室气体——地球大气中通过吸收热量影响地球温度的气体。

温血动物——能够保持相对恒定而温暖的体温，不受周围环境的影响。

吻/喙——在某些动物身上发现的一种长的管状器官，用于进食。

无脊椎动物——没有脊椎的动物。

物理化学——化学的一个分支，涉及材料的分子、原子水平以及化学反应的发生。

物理学——研究物质运动规律及物质间相互作用的科学。

吸收——当一种物质从另一种介质夺取一些能量时，能量就被吸收了，例如光在地球表面被当作热量吸收。

吸引——物体受到力量靠在一起。例如，带电性质相反的电荷相互吸引。

行星——围绕太阳运行的天体，质量足够大且近似圆球状。

下颚——脊椎动物头部下部的骨骼。

向光性、背光性——生物体或细胞有向着光或远离光运动的习性。

向日性——向日葵等植物生长时随着太阳的位置而移动的性质。

消化——身体将食物转化为物质并吸收和利用的过程。

小行星——指环绕火星和木星之间的空间运行，直径为 1 千米到 800 千米的星体。

信息素——动物产生的化学物质，用作彼此交流的信号。

星等——恒星的亮度。

星系——宇宙中围绕一个中心点旋转的星群。有些星系，像我们的银河系，其中有多达 3000 亿颗恒星。

星云——在恒星诞生的空间中由气体或尘埃组成的大云团。

形成层——树皮下形成生长环的活细胞层。

胸部——昆虫身体的一部分，位于头部和腹部之间。

旋转——通常指围绕一个固定的轴转动的过程。

循环系统——包括血液、心脏和血管的身体系统，负责氧气和二氧化碳在整个身体中的循环，向细胞输送营养物质和其他基本物质并清除废物。

岩浆房——一个位于地球表面之下，通过火山口与地表相连的充满熔融岩石的洞穴或"池子"。

岩浆——熔化的岩石，位于地壳之下，处于高压之中。当岩浆从火山口或热液喷口冒出时，有时会变成熔岩。

岩石循环——岩石的"生命周期"。

它描述了岩石是如何从一种类型转变为另一种类型的，以及地壳中的岩石是如何不断地变化和循环利用的。

颜料——与其他材料混合以使其变色的物质。

衍射——波遇到障碍物时偏离原来直线传播的现象。

氧化铝——是自然界和制造业中常见的物质。例如，红宝石是由氧化铝和其他杂质如铬等形成的。

氧化铁——亦称铁锈，铁暴露在氧气中时形成的红色物质。

氧气——一种无色、无味的气体，约占地球空气的 1/5，存在于水和大多数岩石与矿物中。

引力——原子间的相互作用力。物体的质量越大，其引力就越大。

营养物质——生物体保持健康所必需的物质来源。

蛹——在幼虫和成虫之间的蜕变过程中的昆虫。

有袋动物——一类哺乳动物，雌性用乳头喂养婴儿，它们腹部有口袋能够携带婴儿。

有机化学——研究有机化合物的科学，有机化合物可以是固体、液体或气体化合物，其分子中含有碳。

有机体——有生命的物体。

有机物——有机化合物的简称，指含碳化合物或碳氢化合物及其衍生物。

鱼——脊椎动物，冷血动物，生活在水中，通常有鳍、鳃和鳞。

宇航员——乘宇宙飞船旅行的科学家。

宇宙学家——研究宇宙结构和特性的科学家。

元素——一种原子，如氧、金、氖或碳。目前已知的有 118 种。

原子——所有物质的基石。原子是能保持某元素的性质的最小单位。同一种种类型的原子统称为一种元素。例如，金原子是金元素中能保持其化学性质的最小粒子。

月球岩石——在月球上发现的石头。

陨石——与地球表面接触的流星。

皂化——将脂肪转化为肥皂的过程。皂苷在与水混合时，可形成乳状液和泡沫状的糖苷，例如洗涤剂。

折射——当光线从一种介质入射到另一种介质时传播方向发生变化的现象。

真菌——真菌构成了它们自己的生物王国。它们不含叶绿素，以有机物为食。

振动——当物质粒子（如原子）或能量（如光）运动时所引起的重复的、规则的运动。振动会一遍又一遍地重复，或快或慢。

蒸发——水由液态变为气态的过程。

蒸馏——通过蒸发和收集冷凝液来分离液体的过程。

正电荷——构成物质的带正电的粒子。

支点——杠杆转动的点。

质子——位于原子核（原子的中心）内，是决定元素"类型"的亚原子粒子。质子带一个单位正电荷，与带中性电荷的中子共享原子核。

重力——原子间的引力。物体的质量越大，其引力就越大。

轴——物体围绕着旋转的直线。

蛛形纲动物——一类具有 8 条腿、无触角的节肢动物，包括蜘蛛、蜱和蝎子等。

紫外光——波长比可见光短的光辐射。有些昆虫可以看到紫外线。我们可以间接看到紫外光，因为它能使白色物体发出荧光。

自然资源——自然系统的一部分，例如水、森林、矿物或土壤。